G.A.Scheel.
Juwelen-Gold-
Silberwaaren-Lager.

CASSEL TRAMWAYS C° LIMITED

...MWAYS C° LIMITED

Kimpel/Straßenbahnen in Kassel

**Die Wilhelmshöher Allee herunter kommt im
Juni 1999 ein Zug der Linie 1 zur Holländischen Straße**

Wolfgang Kimpel

Straßenbahnen in Kassel

„Große Kasseler" und Herkulesbahn

GeraMond

Titelbild:	Typisch Kassel: Die Wilhelmshöher Allee mit einem Zug der Linie 1
	Wolfgang Klee
Abbildung Vorsatz:	Am 9. Juli 1877 nahm eine englische Gesellschaft den Betrieb der Dampfstraßenbahn in Kassel auf. Auf dem Königsplatz entstand dabei dieses Foto
	Slg. Kimpel
Abbildung Nachsatz:	Die Museumswagen 110 und 144 im Betriebshof Wilhelmshöhe
	Slg. Kimpel

Die Deutsche Bibliothek – CIP-Einheitsaufnahme

Ein Titeldatensatz für diese Publikation ist
bei Der Deutschen Bibliothek erhältlich

ISBN 3-932785-06-1

© 2002 by GeraMond Verlag
im Hause GeraNova Zeitschriftenverlag GmbH, D-81673 München

1. Auflage 2002

Lektorat: Rudolf Heym
Herstellung: Hubert Bertele und Team
Druck: Heichlinger Druckerei GmbH, Garching
Printed in Germany

Vorwort

Das vorliegende Buch will die 125-jährige Geschichte des Kasseler Schienennahverkehrs und die 100-jährige Vergangenheit der großen Kasseler Straßenbahn der heutigen KVG dokumentieren. Die Straßenbahn steht dabei im Mittelpunkt, doch die Vorläufer – Dampfstraßenbahn und Pferdebahn – sollen nicht vergessen werden. Auch der Busbetrieb gehört zum Unternehmen.

In diesem Buch wird also eine sehr große Zeitspanne aufgerollt. Der Extrakt aus mehreren umfangreichen Archiven textlicher und bildlicher Art ist hier zusammen getragen worden. Es war nicht immer leicht, weil manche Ereignisse von verschiedenen Leuten auch verschieden betrachtet, dargestellt und kommentiert wurden. Mir kam die Tatsache zugute, dass ich selbst seit 60 Jahren ein umfangreiches Archiv führe. Außerdem war ich während des Krieges und danach mehrere Jahre als Schaffner und Fahrer bei der KVG beschäftigt und habe damit fast die Vorstufe eines „Insiders" erreicht. Ergänzen konnte ich diese praktischen Einblicke durch eine mehr als zehnjährige Tätigkeit im Oldtimer-Fahrdienst.

Das Buch ist nach Epochen gegliedert, und es wird versucht, bei einst getroffenen Entschei-

Der Autor im Dienst als Schaffner auf dem Museumswagen 110

dungen den jeweiligen politischen oder wirtschaftlichen Hintergrund anklingen zu lassen. Persönliche Schicksale, oft durch den Krieg bedingt, sollen den rein sachlichen Text auflockern und Schlaglichter setzen. Behördenhürden einst und Bürgerproteste in heutiger Zeit werden an konkreten Beispielen belegt. Der Heimatverbundene soll im Rahmen des Themas auch etwas über die Stadtgeschichte erfahren.

Diese umfangreiche Arbeit konnte nur gelingen durch die aktive Unterstützung vieler Freunde. Dafür danke ich an dieser Stelle: Der Vorstand der KVG gewährte unbegrenzte Hilfe, und alle Abteilungen halfen mit, indem sie Informationen und Dokumente zur Verfügung stellten. Vom Stadtmuseum wurde ich bereitwillig beraten. Besonders danke ich den bei der Vorbereitung und Fertigstellung besonders behilflichen Herren Dieter Rohrbach, Hermann Frank und Dr. Heribert Menzel.

Möge dieses Werk in weiten Kreisen Anklang und Interesse finden.

Hofgeismar im Oktober 2001

Wolfgang Kimpel

Inhaltsverzeichnis

1. Geschichtlicher Rückblick

Zur Erinnerung an den Dampfbetrieb zwischen 1877 und 1899 wurde im Depot Cassel-Wilhemshöhe ein Gruppenfoto aufgenommen. Im Hintergrund stehen schon die neuen elektrischen Triebwagen

Grundlagen des Unternehmens

Betrachtet man die Entwicklung des öffentlichen Personennahverkehrs in Mitteleuropa im letzten Drittel des 19. Jahrhunderts, so nimmt Kassel eine hervorragende Position ein. Dieses bezieht sich auf Produktion und Erprobung neuer Verkehrsmittel. Es begann mit der Dampfstraßenbahn, es folgte die Pferdebahn, und um 1900 war die Entwicklung der Herkulesbahn und Straßenbahn in vollem Gange. Es fanden in den zwanziger Jahren des 20. Jahrhunderts Versuche mit Buslinien in Kassel statt, und es gab, wenn auch nur kurze Zeit, einen O-Busbetrieb. Auch werden nicht viele Städte erprobt haben, die Post vom Hauptbahnhof mit speziellen Straßenbahnen zu den Außenpostämtern zu befördern. Während des 1. Weltkrieges diente die Straßenbahn auch zur Beförderung von Verwundeten in die Lazarette.

Die Industrie Kassels hat an dieser technischen Entwicklung großen Anteil gehabt. Berühmte, auch im Ausland bekannte Fabriken bauten Fahrzeuge für den Kasseler Verkehr:

– Henschel, weltbekannt für den Lokomotivbau, stellte später auch Busse und Lastkraftwagen her

– Wegmann lieferte Personenwagen für die Eisenbahnen und baute Luxuszüge für ausländische Herrscher

Obwohl man nicht behaupten kann, dass Kassel sich am Ende des 19. Jahrhunderts in Bezug auf Größe und Einwohnerzahl mit anderen Großstädten messen konnte, so sind doch die hier aufgeführten Entwicklungen durchaus bemerkenswert.

Die erste dampfbetriebene Strecke von Kassel nach Wilhelmshöhe verdankt ihre Entstehung sicherlich auch dem Anziehungspunkt der Wilhelmshöher Parkanlagen. Bis zur Inbetriebnahme der Dampfbahn muss es eine größere Unternehmung gewesen sein, von Kassel nach Wilhelmshöhe zu wandern und diese rund fünf Kilometer zu Fuß zurück zu legen. Zwischen dem Kirchweg und Wilhelmshöhe gab es ein lange Zeit unbebautes Gelände, durch das an heißen Tagen zu Fuß zu wandern nicht unbedingt Jedermanns Sache war. So kam ein Buchhändler auf den Gedanken, mit einem Pferdeomnibus Menschen das Fortkommen zu erleichtern, aber diese Modernisierung wurde von der Bevölkerung kaum angenommen.

1876

bekam dann eine englische Firma die Lizenz, eine Dampfstraßenbahn vom Königsplatz in Kassel nach Wilhelmshöhe bauen zu dürfen, die Casseler Tramway Comp. Sie nahm bereits

Zug in Richtung Wilhelmshöhe am Landesmuseum

– Credé (heute dez-Gelände) konstruierte ebenfalls Fahrzeuge für Eisenbahnen und entwickelte Straßenbahnen
– Fieseler war in den dreißiger Jahren bekannt für die ersten Hubschrauberkonstruktionen und für den „Fieseler Storch". Neben all diesen Produktionsstätten kommt im Jahr 2001 die positive Meldung, dass auch der „Transrapid" mit technischen Teilen aus Kassel gebaut werden soll.

Nur wenige Aufnahmen existieren vom Betrieb der Pferdebahn in Kassel

1877
am 9. Juli den Dampfbahnbetrieb auf. Dieses Unternehmen hatte jedoch nicht lange Bestand. So wurde im Jahre

1881
mit deutschem Kapital die Aktiengesellschaft Casseler Straßenbahn Gesellschaft gegründet mit dem Ziel, eine Dampfbahn zu betreiben. Die neue Gesellschaft übernahm die vorher genannte englische Firma.

1884
wurde eine neue Aktiengesellschaft unter dem Namen Casseler Stadteisenbahn ins Leben gerufen. Sie setzte sich zum Ziel, einen Pferdebahnbetrieb aufzubauen.

1897
schlossen sich am 21. Juni die Vorgenannten zusammen. Es entstand die „Große Casseler Straßenbahn AG".
Im selben Jahr wurde die Pferdebahnstrecke Altmarkt – Wolfsanger in Betrieb genommen.

1898
am 10. Dezember erfolgte die Aufnahme des elektrischen Betriebes.
1899
am 10. Mai endete der Dampfstraßenbahnbetrieb. Am 28. Februar des selben Jahres stellte die Pferdebahn in Kassel auf der Strecke von Bettenhausen über den Hauptbahnhof zur Germaniastraße (Kirchweg) ihren Betrieb ein.

Ein ganzes Jahrhundert in Stichworten

1909
Ende der Pferdebahnstrecke Altmarkt – Wolfsanger
1911
Statt der bis dahin verwendeten Farben erfolgte die Kennzeichnung der Linien durch Ziffern
1914
Straßenbahn nach Kirchditmold eingeweiht

1917

Gleisanschluss zur Südseite des Hauptbahnhofs (Lazarettbeförderung)

1920

Postbeförderung vom Hauptbahnhof zu den Außenämtern

1923

Bau der Schleife in Wilhelmshöhe

1925

Bau der Strecke vom Palmenbad zum Druseltal

1926

Betriebshof Holländische Straße gebaut

1927

Herkulesbahn mit Straßenbahn zusammengeschlossen und Bau der Strecke von der Weserspitze zur Eisenschmiede über Stadtkrankenhaus

1930

Eigenes Telefon des Betriebes

Der Polizeipräsident.   Cassel, den 28. Juni 1916.

   Sch 2562.

       Nach den Vorschriften über Regelung des Verkehrs bei den Fahrten
   Seiner Majestät des Kaisers und Jhrer Majestät der Kaiserin müssen
   die Wagen der Strassenbahn anhalten, sobald ein Wagen Jhrer Majestäten in Sicht kommt. Die Wagen der Strassenbahn dürfen erst weiter fahren, wenn Jhro Majestäten und Gefolge vorüber gefahren sind.
       Jch ersuche ergebenst, die Angestellten erneut streng anzuweisen,
   diese Vorschriften zu beachten und alle Anordnungen, welche an sie
   von den Beamten der Schutzmannschaft aus verkehrs-und sicherheits-
   polizeilichen Gründen beim Herannahen der Allerhöchsten Herrschaf-
   ten ergehen, unbedingt zu befolgen.

Die Direktion der Herkulesbahn

       hier.

2 9. JUN. 1916

Schreiben der Herkulesbahndirektion aus der Zeit des Ersten Weltkrieges

1937

Erste elektrische Weiche

1940/41

Erweiterung des Streckennetzes von Niederzwehren nach Altenbauna

1944

Beginn des O-Busbetriebes auf der Strecke Kirchditmold – Harleshausen und Ende der Teilstreckenberechnung für Fahrscheine

1945

22. April: Wiederaufnahme des Straßenbahnbetriebes nach der Besetzung

1947

1. Oktober: O-Bus wieder in Betrieb

1949

1. November: O-Bus-Betrieb von Kirchditmold nach Wilhelmshöhe verlängert

1953

Straßenbahn von der Weserspitze auf der Ihringshäuser Straße direkt in Richtung Eisenschmiede

1955

Bundesgartenschau: Die ersten neuen Straßenbahnwagen nach dem Kriege

1956

Netzerweiterung von Endstation Bettenhausen zum Lindenberg

1960

Überlandlinien an Post abgegeben

1962

Ende des O-Bus-Betriebes

1966

Ende der Herkulesbahn, erster Wagen 282 schaffnerlos

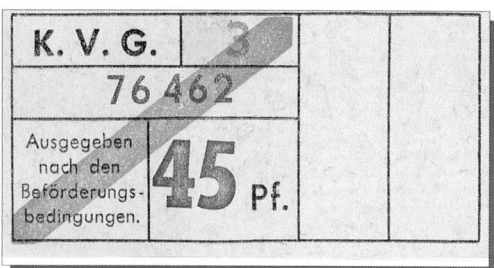

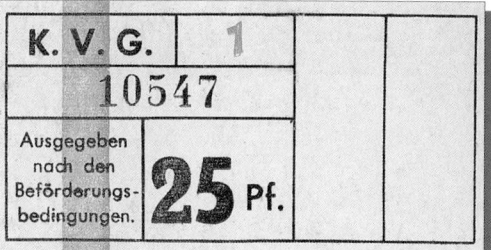

Zwei Kasseler Straßenbahnfahrscheine von 1955

1968
Am 12. Januar wird der Tunnelbau am Hauptbahnhof eingeweiht
1971
Stilllegung der Strecke vom Lutherplatz nach Rothenditmold
1973
Abschaffung von Dienstgradabzeichen an der Uniform
1980
Die Verantwortlichen der Stadt fassen den Beschluss: Die Straßenbahn soll bleiben
1981
Die Stadt Kassel ist Gastgeber der 2. Bundesgartenschau
1984
Der neu erbaute Betriebshof Wilhelmshöhe wird eingeweiht
1987
„documenta VIII" (Der Wagen 283 wird künstlerisch gestaltet)
1990
Erster Niederflurwagen
1991
DB-Bahnhof Wilhelmshöhe eingeweiht
1992
Helleböhn-Strecke eröffnet

Gleisbauarbeiten an einem Überlandabschnitt. Die damals noch leichte Bauweise der Wagen erforderte keinen so großen Aufwand für den Unterbau wie heute, die Gleise lagen direkt in Kies und Schotter

1994
Fortfall der Endstation Kurhausstraße und Verlängerung der Straßenbahn von Mattenberg bis Boschstraße;
der NVV (Nordhessischer Verkehrsverbund) wird aus der Taufe gehoben

1995
Die Baunatal-Strecke von Mattenberg bis Großenritte wird fertig gestellt
1997
Erster Spatenstich für die Lossetalstrecke und 100jähriges Jubiläum des Betriebes;
Helleböhn Strecke bis Oberzwehren-Mitte verlängert
1998
Strecke Lindenberg-Papierfabrik eingeweiht

1999
Hessentag in Baunatal; Vorkehrung zum Betrieb von zwei Linien bis Großenritte
2001
8. Juni: Einweihung der Strecke von Kassel über Kaufungen bis Helsa
10. Juni: Eröffnung der Regiotram Kassel – Warburg.

2. Dampfstraßenbahn und Pferdebahn

Die Dampfstraßenbahn

Die Dampfstraßenbahn in Kassel verdanken wir der englischen Firma „Casseler Tramway Limited". Sie erwarb 1876 die Lizenz zum Betreiben einer Dampfstraßenbahn vom Königsplatz über die Wilhelmshöher Allee nach Wilhelmshöhe. Am 5. Dezember 1876 war Baube-

ginn. Der Betrieb konnte schon am 9. Juli des folgenden Jahres aufgenommen werden. Für Kassel war dies eine Sensation und förderte die Bequemlichkeit. Man konnte jetzt die mehr als fünf Kilometer lange Strecke von der Innenstadt nach Wilhelmshöhe fahren.

Dabei können wir heute mit Stolz auf unsere Vorfahren blicken, die dieses fortschrittliche

Ein Dampfbahnzug in Wilhelmshöhe: Bis in das Jahr 1923 gab es noch keine Wendeschleife, die Züge rangierten an der Endstation

Verkehrsmittel gebaut haben. Und warum Stolz? Kassel ist nach Paris und Kopenhagen die dritte Stadt Europas, die ein solches Verkehrsmittel schuf.

Da es eine englische Firma war, wurden die ersten Fahrzeuge, zwei Lokomotiven und vier Wagen, in England gebaut. Wenige Jahre später produzierte die Firma Henschel in Kassel die nachfolgenden Fahrzeuge, und damit war Henschel die erste Fabrik Deutschlands, die Lokomotiven für den Stadtbahnverkehr baute. In alten Büchern kann man lesen, und ich selbst habe es noch von meinem Vater erzählt bekommen, wie langsam und auch gemütlich und doch so fortschrittlich dieses Verkehrsmittel war.

Bei einem Vergleich von damals und heute stellt man gravierende Unterschiede fest. Damals gehörten zu einem Zug ein bis zwei Schaffner, ein Lokführer, ein Heizer und ein Bremser. Heute werden unsere langen Niederflurfahrzeuge mit mehr als 30 Metern Länge von einer einzigen Person gesteuert und bedient. Dazu kommen teilweise noch Fahrscheinverkäufe an Fahrgäste, die keinen Automaten benutzt haben.

Während wir uns eilen und hetzen, möglichst schnell ans Ziel zu kommen, gab es bei der Dampfbahn zwangsläufig Pausen für Personal und Fahrgäste, u. a. wegen des Tankens von Wasser unterwegs auf der Strecke. Der technische Fortschritt sorgte dafür, dass dieses Verkehrsmittel der Elektrifizierung weichen musste, und so gab es die letzte Fahrt mit diesem Gefährt am 14. Dezember 1898. Statt Kohle und Wasser benötigten die dann folgenden Fahrzeuge elektrischen Strom, und die Baufirma hierfür war Siemens-Halske.

Die Pferdebahn

Das Leben mit der Pferdebahn war, wie bei der Dampfbahn, wesentlich gemütlicher als in der heutigen Zeit. Noch war das Tempo zu regulieren, wie etwa bei der Dampfbahn, aber hier bestimmte das Pferd, wie schnell man vorwärts kommen konnte. Die Tiere kannten ihre Trab-

strecken, und sie hielten ohne besonderes Zeichen an den Haltestellen an.

Wesentlich schwieriger gestaltete sich der Betrieb auf Fahrstrecken, die bergauf führten. So gab es größere Steigerungen zwischen Altmarkt, Schlossplatz und Hauptbahnhof oder zwischen Annastraße und Germaniastraße zu überwinden. An solch schwierigen Passagen musste dann ein zusätzliches Pferd vorgespannt werden. Außerdem konnte es sein, dass während der Fahrt Pferde getränkt werden mussten, was auch wieder Verspätungen verursachte. Doch die Leute hatten sich so an dieses Verkehrsmittel gewöhnt, dass für manche die Elektrizität völlig unvorstellbar war.

So gibt es die wahre oder ausgedachte Geschichte, dass ein Bäuerlein neben einer der ersten elektrischen Straßenbahnen im Fuldatal stand und auf Befragen des Schaffners zwei mal bekundete, mitfahren zu wollen, aber nicht einstieg. Als er auch bei der dritten Aufforderung nicht zusteigen wollte, fuhr die Straßenbahn langsam ohne ihn ab. Das Bäuerlein stand verdutzt da und rief: „Ohne Pferde könnt Ihr doch nicht fahren!"

Die Pferdebahnstrecken in Kassel gehörten zwei verschiedenen Betrieben.

1880

wurde die Strecke Bettenhausen (Bahnhof) zum Königsplatz befahren, ab

1884

die volle Strecke von Bettenhausen durch die Gässchen der Altstadt über den Lutherplatz und den Hauptbahnhof durch die damalige Hohenzollernstraße (heute Friedrich-Ebert-Straße) und ab Annastraße zur Germaniastraße. Außerdem konnte man mit diesem Verkehrsmittel von der Mombachstraße (Friedhof) bis Königsplatz fahren.

Das zweite private Unternehmen begann 1897 auf der Strecke Altmarkt – Fuldatal (Wolfsanger). Es beendete den Betrieb 1909.

Die Strecke ging – wie auch all die anderen – in den Besitz der Straßenbahn über. Am 28. Februar 1899 endete der Pferdebahnbetrieb in der Kasseler Innenstadt, und am 1. März 1899 begann das elektrische Zeitalter.

3. Die elektrische Straßenbahn

Der Wagen 12 mit einem Beiwagen, aufgenommen
1898 in der Endstation Wilhelmshöhe

Aufbruch in das Zeitalter der Straßenbahn

Die Entwicklung der Straßenbahn in Kassel weist Höhen und Tiefen auf, wie das auch im menschlichen Leben zu verzeichnen ist. Seit nunmehr 125 Jahren ist die Straßenbahn die Hauptstütze des öffentlichen Personennahverkehrs in der Innenstadt.

Mit der Gründung der „Großen Casseler Straßenbahn" am 21. Juni 1897 übernahm sie von ihrer Vorgängerin, einer englischen Firma, ein Geschenk, das sich gerade in heutiger Zeit positiv auswirkt, wenn man an die Kombination von Straßenbahn und Eisenbahn denkt.

Die Engländer brachten beim Bau der ersten Dampfbahnstrecke die englische Spurweite mit. Somit ist es uns erspart geblieben, teure Investitionen zu tätigen, um Schmalspurstrecken auf normale Spur um zu bauen. Mit diesem Glücksfall ging die neu geschaffene Gesellschaft unmittelbar nach der Gründung voll aktiv an die Arbeit. Das Ziel war, Dampfbahn und Pferdebahn in eine elektrisch betriebene Straßenbahn umzuwandeln. Dazu war ein flächendeckendes Schienennetz in der gesamten Stadt erforderlich. Wie zielstrebig man an die Arbeit ging, bezeugen die hier aufgezeichneten Baumaßnahmen und die Beschaffung der Fahrzeuge.

Zunächst wurden die Gleisanlagen aus der Zeit der Pferdebahn und Dampfbahn übernommen. Die folgende Aufstellung zeigt, wie darüber hinaus das Schienennetz in knapp 20 Jahren bis zum 1. Weltkrieg ausgebaut wurde:

1898
Verwaltungsgebäude in Wilhelmshöhe gebaut
1899
Annastraße – Querallee
1900
Bahnhof Wilhelmshöhe – Mulang (später Kurhaus Wilhelmshöhe)
Bahnhof Wilhelmshöhe bis Hohenzollernstraße (heute Friedrich-Ebert-Straße) über die später gebaute Stadthalle, Frankfurter Straße bis Schönfeld, Lutherplatz bis Rothenditmold und Rathaus – Ständeplatz

1908
Verlängerung über Mombachstraße hinaus Friedrichsplatz – Staatstheater
1910
Staatstheater – Altmarkt
Altmarkt – Stadtgrenze (Wolfsanger)
1911
Stadtgrenze – Fuldatal
1913
Park Schönfeld – Dennhäuserstraße
1914
Neumarkt (später Hindenburgplatz, heute Bebelplatz) bis Prinzenquelle (Kirchditmold)
1928
Verlängerung dieser Strecke von der Prinzenquelle zur Hessenschanze.

Schon damals gab es Schwierigkeiten mit Behörden und Gesetzen. Vieles hat Ähnlichkeit mit dem, was dann später bei der Planung von Neubaustrecken zu erleben war.

Nach der Eingemeindung von Kirchditmold in die Stadt Kassel 1906 wuchs die Hoffnung, die Straßenbahn in den Ortskern geführt zu bekommen. Dafür gründete sich 1903 ein besonderer Bürgerverein. Dieser mahnte an, dass die zugesagte Straßenbahnverbindung gebaut werden müsste und bemängelte, dass Gemeinden aus dem Landkreis Kassel, zum Beispiel Wolfsanger und Niederzwehren, bevorzugt behandelt würden.

Bereits 1910 und 1911 berichteten die Zeitungen über die Planung für Kirchditmold, aber erst am 12. September 1913 wurde die Baugenehmigung für die rund drei Kilometer lange Strecke vom Neumarkt (Bebelplatz) durch Kirchditmold bis zur Endstation Prinzenquelle erteilt.

1913 waren die Gleise bis zur Berliner Brücke gelegt. Im Mai 1914, einem Pfingsttag, fuhr die erste geschmückte Bahn zur Prinzenquelle. Die Kirchditmolder konnten glücklich sein, ihre „Elektrische", wie die Straßenbahn allgemein genannt wurde, erhalten zu haben, denn der am 1. August 1914 ausgebrochene 1. Weltkrieg ließ alle weiteren Ausbaupläne der Großen Casseler Straßenbahn AG ungefähr ein Jahrzehnt auf Eis liegen.

Richtfest in Wilhelmshöhe (erste Betriebshoffront)

Wenige Monate vor Inbetriebnahme war bei der Erteilung der Betriebsgenehmigung noch eine Klippe zu umschiffen gewesen. Nach der Bau- und Betriebsvorschrift für Straßenbahnen vom 26. September 1906 waren bei Überlandstraßenbahnen Wagen mit geschlossener Plattform vorgeschrieben. Der Regierungspräsident glaubte, bei dem westlich der Kirchditmolder Kirche gelegenen Abschnitt, der damals nur geringe Bebauung aufwies und meist zugigen Winden ausgesetzt war, eine Überlandbahn im Sinne der Bau- und Betriebsvorschriften zu erkennen und somit den Einsatz von Wagen mit geschlossener Plattform verlangen zu müssen. Nun war guter Rat teuer, denn der gesamte Wagenpark hatte natürlich offene Plattformen.

Auch bei den neuen, 1913 beschafften Wagen war das so. Der Instanzenweg wurde beschritten. Der Regierungspräsident fragte zunächst beim Minister der öffentlichen Arbeiten in Berlin an, ob gegen die Auflage Bedenken bestünden. Der Minister seinerseits bat die Königliche Eisenbahndirektion Cassel als Eisenbahntechnische Aufsichtsbehörde um Stellungnahme, die dann besagte, dass es keine Überlandbahn sei, dass aber der Straßenbahnverwaltung die Beschaffung neuer Wagen aufzugeben sei, wenn nach Eröffnung des Betriebes auf der neuen Linie in Folge von klimatischen Verhältnissen Wünsche der Fahrgäste nach Wagen mit geschlossener Plattform laut werden sollten. Von solchen Wünschen ist nichts bekannt, und

Triebwagen 2 mit doppeltem Stromabnehmer

der Weltkrieg brachte andere Probleme und Sorgen als schwache Winde auf einer sonst gern gesehenen Straßenbahnverbindung.

Auch bei der Beschaffung der Fahrzeuge wurden in jenen Jahren große Investitionen getätigt, denn die Wagen aus der Pferdebahnzeit konnten im elektrischen Betrieb nicht mehr genutzt werden. Die Personenwagen der Dampfbahn wurden als Beiwagen mit den späteren Nummern 501 – 512 (ehemals 21 – 32) übernommen. Die Wagen wurden umnummeriert, weil man nach 1920 grundsätzlich allen Beiwagen die Nummern ab 500 gab.

Die Wagentypen

Triebwagen 1 – 14

Um die Jahrhundertwende wurden 14 Triebwagen (1 – 14) bei der Firma v. d. Zypen in Köln gekauft. Es waren Zweiachser mit völlig offe-

ner Plattform, vier großen Fenstern und Sitzbänken, die quer zur Fahrtrichtung angeordnet waren. Sie hatten im Vergleich zu allen anderen Typen eine besonders große Länge von über neun Metern, dies aus dem Grund, weil man sie als Triebwagen für jene Fahrzeuge (Beiwagen) nutzen wollte, die von der Dampfbahn zur elektrischen Straßenbahn übernommen worden waren. Außerdem wollte man sie auf der geraden Strecke Holländische Straße – Wilhelmshöhe einsetzen. So ist es auch geblieben bis in die Jahre nach dem 2. Weltkrieg. Erst nach dem Wiederaufbau Kassels mit großen breiten Straßen war es möglich, diesen Wagentyp auch abseits der genannten Strecke einsetzen zu können.

Triebwagen 14 und Beiwagen 27 (alte Nummer) im Betriebshof Wilhelmshöhe

Die traditionelle Farbe Kasseler Straßenbahnwagen war schon hier ein Gelbton, und die Seitenwände waren mit Mahagoniholz verziert. Alle Wagen der damaligen Zeit trugen auf der Mitte dieser Mahagonifläche das Kasseler Stadtwappen.

Beim Umbau der Fahrzeuge im Jahr 1920 wurden von der Firma Credé Fahrerschutzverkleidungen vorgebaut. Somit blieben nur die Eingänge frei.

Noch einmal gab es einen Umbau, aber nur an drei Fahrzeugen dieses Typs. Die Wagen 6, 7 und 14 erhielten vollkommen geschlossene Plattformen. Das Mahagoniholz an den Seiten wurde mit Blech überzogen und im üblichen, damals einheitlichen Hellgelb gestrichen. In den Jahren 1948 bis 1966 wurden diese Fahrzeuge verschrottet.

Eine Ausnahme machte der Wagen 14. Trotz seines Umbaus 1952 rüstete man ihn 1965 zu einem Turmwagen um und baute einen Dieselmotor ein, um ihn auch ohne Strom im Schienennetz bewegen zu können.

Noch einmal gab es eine Veränderung: 1977 kam er in der Form von 1965 in das Straßenbahnmuseum nach Wehmingen bei Hannover. Dort ist er noch heute zu besichtigen.

Triebwagen 41 – 80

Ebenfalls um 1900 wurde dieser Wagentyp bestellt und geliefert, und zwar die Wagen 41 – 70 von der Firma v. d. Zypen und die restlichen von der Firma Credé in Kassel. Diese Fahrzeuge waren betont klein gehalten und mit einer Länge von sieben Metern so beschaffen, dass sie die sehr engen Straßen und Gassen der Kasseler Innenstadt befahren konnten. Die Plattformen waren ebenfalls völlig offen, und im Inneren waren Längssitze eingebaut. Das ganze Fahrzeug war für 30 Personen berechnet.

Ab dem Beginn der dreißiger Jahre waren sie schon aus dem Liniennetz verschwunden. Drei dieser Fahrzeuge wurden bereits vor dem 2. Weltkrieg verschrottet, die Masse davon in den vierziger und fünfziger Jahren.

Die zwei Jahrzehnte vor dem 2. Weltkrieg und das erste Jahrzehnt danach waren geprägt von

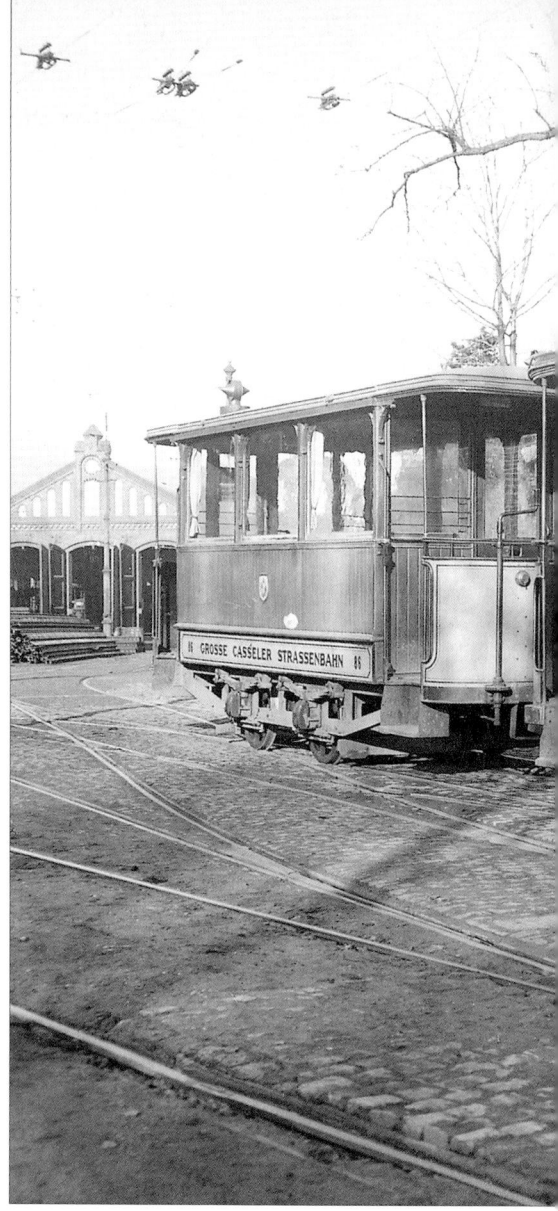

Umbaumaßnahmen, die in der eigenen Werkstatt in Wilhelmshöhe und teilweise auch bei Credé durchgeführt wurden.

Es ist anerkennenswert, mit welchen Ideen dort gearbeitet wurde. Ein paar Besonderheiten sollen hier aufgezeigt werden. So wurden vier Wagen dieses Typs, nämlich die Wagen 48, 50, 62 und 75, zu Beiwagen (Nummern 611 – 614) umgebaut und waren noch einige Jahre im Einsatz. Besonders erwähnt werden soll auch der Wagen 58. Er wurde an das Filmstudio in Göt-

Der Wagen 70 mit Beiwagen, fertig zum Ausrücken als Zug der Linie 3

tingen verkauft. Dort entstand der Film „Hunde wollt ihr ewig leben". Der Wagen musste im Rahmen der Dreharbeiten dieses Kriegsstreifens zerstört werden.

Auffallend in den ersten Nachkriegsjahren ist der Umbau vieler Straßenbahnwagen zu Arbeitriebwagen oder Arbeitsbeiwagen. Das hängt damit zusammen, dass zu jener Zeit Arbeitsmaterial zu Baustellen im innerstädtischen Liniennetz nicht mit Lastwagen, sondern mit umgebauten Straßenbahnen oder Gütertransportwagen befördert wurde. Das Schienenunternehmen Straßenbahn beförderte damals noch seine Güter und Baumaterialien selbst auf der eigenen Schiene, zum Beispiel auch lange Schienenstücke, die bei Ersatzbauten benötigt wurden. So ist zum Beispiel auch der Wagen 80 zunächst so umgebaut worden und war längere Zeit als Arbeitswagen 852 unterwegs. Er kam dann zu großen Ehren, indem

Der Wagen 109, eingesetzt auf der Linie 5. Unten der Wagen 101 aus der gleichen Bauserie, nun nach dem ersten Umbau mit geschlossener Plattform und diversen weiteren Verbesserungen im Detail

er die Nummer 8 erhielt und sein Äußeres heute als „Pferdebahnwagen Nummer 8" in den Ausstellungsräumen zu bewundern ist.

Triebwagen 101 – 113

In den Jahren 1905 bis 1909 lieferte die Firma v. d. Zypen diese Wagen in üblicher Farbgebung mit Quersitzen für 36 Personen und mit zwei 40-kW-Motoren.

Die offenen Plattformen wurden 1920 von der Firma Credé modernisiert und mit Glasschutzvorbauten für den Fahrer versehen. Bei dieser Gelegenheit wurden die offenen Türen mit Umhängegittern versehen. So waren die Triebwagen im Einsatz bis in die Zeit nach dem 2. Weltkrieg.

1953 erfolgte der nächste Umbau. Es wurden Schiebetüren eingesetzt und die äußeren Seitenflächen mit Blechplatten bedeckt.

In den dreißiger Jahren wurden verschiedene ältere Wagen noch mit Scherenbügeln ausgerüstet. Noch unmittelbar vor dem 2. Weltkrieg bekamen alle Fahrzeuge diese moderneren Stromabnehmer. Das äußere Bild aller Fahrzeuge war insofern gleich, als sie auch die gleiche beige-gelbe Farbe trugen. An der Seite oberhalb des Fahrgestelles gab es einen schmalen Streifen für die Firmenbeschriftung und darüber war ein grün lackierter, ca. 5 cm breiter Wulst.

Die Firmenbeschriftung hieß zuerst einmal „Grosse Casseler Straßenbahn AG", dann „Grosse Kasseler Straßenbahn AG".

Es folgte ein Versuch ohne den grünen Wulst und mit der Beschriftung GKSt. Dieser fand am Wagen 106 statt.

Noch zwei markante Wagen sind zu erwähnen, einer im positiven und einer im negativen Sinne: Der Wagen 101 erlebte ein besonderes Schicksal, indem er 1957 als Wagen Nummer 11 zur Herkulesbahn kam (nach Angleichung der Spurweite). Ein tragisches Schicksal hatte der Wagen 105. 1927 stand er abfahrbereit auf der Linie 5 im Druseltal, mit schon mehreren Fahrgästen besetzt. Aus Gründen, die nie geklärt wurden, löste sich, ohne dass das Personal im Wagen war, dieser und rollte mehrere hundert Meter auf der gerade abfallenden Strecke

Der Wagen 110, nun mit einer Stirnlampe und Schiebetüren. Unten der Wagen 125

(heute Hugo-Preuss-Straße) hinab. In der unteren Kurve in der Nähe der heutigen Waldorfschule sprang er aus den Schienen, wurde dabei völlig zerstört, es gab Tote und Verletzte. 1928 war das Fahrzeug wieder aufgebaut und – aus Pietät vor den Opfern oder aus Aberglauben – wurde die Nummer 105 nicht wieder benutzt, sondern der Triebwagen erhielt die Betriebsnummer 125.

Triebwagen 141 – 161

Diese Wagen wurden zwischen 1907 und 1913 von der Firma v. d. Zypen gebaut. Sie hatten zwei Motoren mit je 34 kW, eine Länge von 8,10 m und boten Platz für 34 Fahrgäste (Sitzbzw. Stehplätze).

In den Jahren 1920 bis 1922 bekamen sie den üblichen Glasschutzvorbau, und in der Mitte

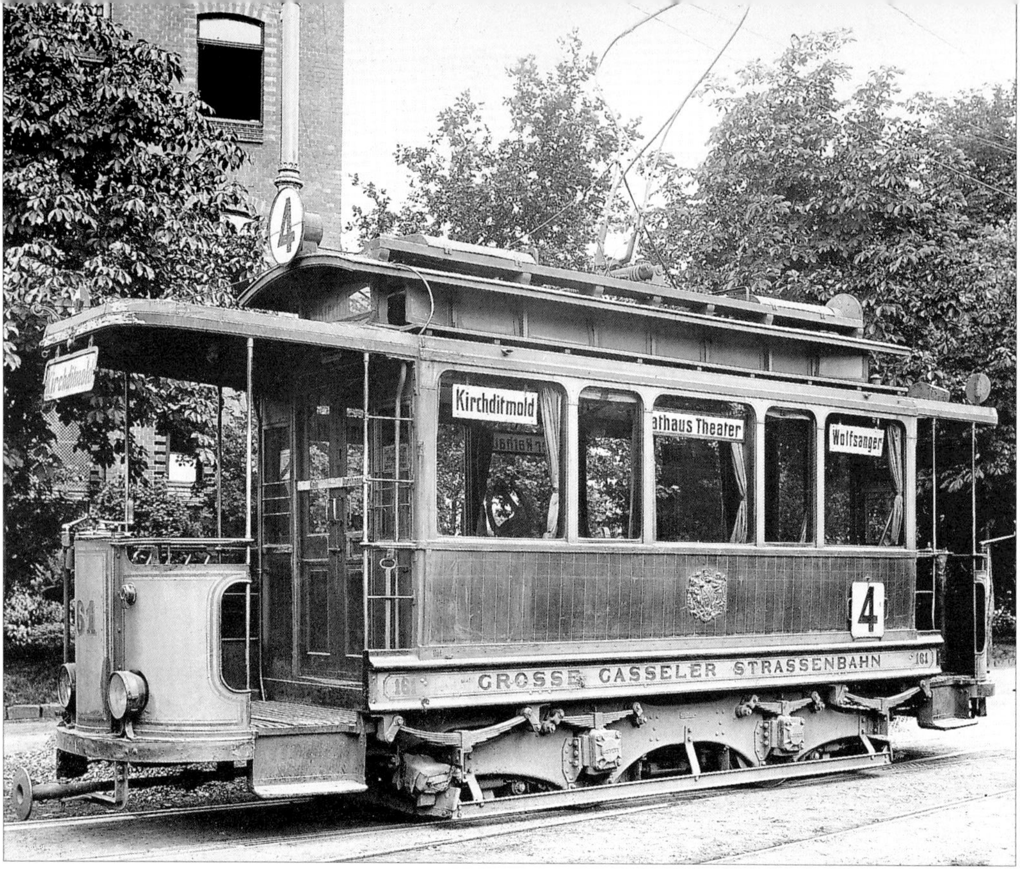

Wagen 161 im Betriebshof Wilhelmshöhe, unten der nach 1920 zur Postbeförderung eingesetzte Wagen 3

der dreißiger Jahre Schiebetüren. Der Kastenaufbau des Wagens 157 wurde für den Bau des Beiwagens 660 benutzt. Eine ähnliche Umbaumaßnahme folgte nicht mehr.

Der Wagen 144 ist noch heute in Kassel zu sehen. Er ist mit einem anderen Wagen vom Typ 101 als Oldtimer-Wagen 110 unterwegs.

Die bisher aufgeführten Fahrzeuge waren Triebwagen: Sie wurden alle zwischen 1898 und 1914 beschafft. Diese 88 Fahrzeuge wurden wie alle Fahrzeuge in Kassel als Neubaufahrzeuge bezogen.

Es gibt nur einen einzigen Fall nach dem 2. Weltkrieg, dass gebrauchte Beiwagen von den Frankfurter Verkehrsbetrieben gekauft wurden.

Wagen 152, erster dieses Typs, der Scherenbügel erhielt

Beiwagen 501 – 512
Unter den damaligen Nummern 21 – 32 gingen diese Beiwagen in den Besitz der Straßenbahn

Der Wagen 154 mit interessanten Reklamevarianten an Stirnfront, am Dach und auf den Fenstern

Der Beiwagen 501 (nach der Umnummerierung)

über. Ende der zwanziger Jahre modernisierte man diese neun Meter langen Fahrzeuge durch

Der Beiwagen 545

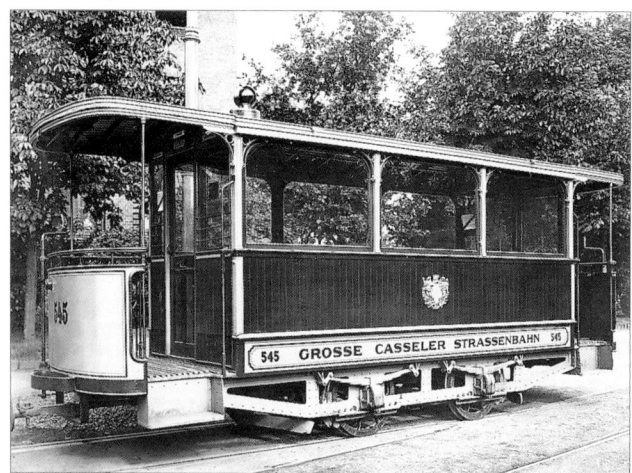

Verglasung der Stirnflächen. Sie waren von vorn herein als Beiwagen für die Triebwagen 15 – 27 bestimmt. Auf Grund ihrer Länge sind sie niemals auf einer anderen Strecke als auf jener der Linie 1 gefahren.

Auffällig war ein sehr großes Flügelrad, das als Bremse auf den Plattformen angebracht war. Der Wagen 509 war der letzte, der auf der Seitenfläche das Kasseler Stadtwappen trug.

Beiwagen 541 – 560

So wie die Triebwagen vom Typ 15 und die Beiwagen vom Typ 501 zusammen passten, so waren die Beiwagen ab 541 (vormals 81 – 100) passend zu den Triebwagen Typ 41 geschaffen. Sie waren betont kurz. Mit sieben Meter Länge waren sie zunächst als Sommerfahrzeuge gebaut, d. h. sie hatten keine Scheiben und natürlich offene Plattformen. 32 Personen hatten Platz.

1919 baute man sie so um, dass man Seitenfenster einsetzte. Dieser Typ war in den dreißiger Jahren nur noch ganz selten im Einsatz zu sehen und nach dem Krieg aus dem Straßenbild verschwunden.

Zehn dieser Wagen mussten 1942 in das besetzte Lodz (Polen) abgegeben werden.

Der Wagen 24 im Einsatz auf der Linie 6

Beiwagen 541 – 560

Diese Wagen wurden im Jahr 1907 von der Firma v. d. Zypen gebaut und waren in ihrer Form passend für den Triebwagen-Typ 101. Bei einer Aufbaulänge von 8,5 m konnten 38 Personen befördert werden.

Beiwagen 601 – 605

Die fünf Beiwagen dieser Nummernserie lieferte 1907 van der Zypen. In den Jahren 1948 – 1966 wurden die Wagen 601 – 604 verschrottet. Der Beiwagen 605 wurde im Jahr 1960 umgebaut und lief bei der Herkulesbahn unter der Nummer 75.

Beiwagen 641 – 664

Sie wurden zwischen 1909 und 1913 gekauft, passend zu den Triebwagen vom Typ 141. Zunächst hatten sie eine Länge von 7,3 m und eine völlig offene Plattform. 1928 – 1930 wurden die Stirnflächen der Beiwagen verglast, und nur die Einstiege blieben offen. Die Länge des Wagens vergrößerte sich so auf 8,10 m. Es waren Längssitze eingebaut.

Insgesamt konnten 68 Personen befördert werden. Dieser Wagen-Typ erlitt besonders viele Totalschäden durch Kriegseinwirkungen.

Rückfall durch den 1. Weltkrieg und die Inflation

Der 1. Weltkrieg stoppte die begonnene Aufbauphase, da weder Kapital noch Menschen vorhanden waren, um das Werk fortzusetzen. Während des Krieges gab es nur eine besondere Baumaßnahme: Im Jahre 1916 wurden Gleise verlegt von der Straßenbahn vor dem Hauptbahnhof an dessen Südseite vorbei bis ins Bahnhofsgelände, um von hier Kriegsverletzte zu den Lazaretten in der Stadt zu befördern. Auf dem selben Wege richtete die Post

Der Beiwagen 604

Die Werksaufnahme des Wagens 116, noch ohne Stromabnehmer

1920 einen Postverkehr mit Straßenbahnen vom Hauptbahnhof zu den Außenpostämtern der Stadt ein.

In den zwanziger Jahren sind nur Ergänzungsbauten zum bestehenden Netz zu erwähnen. So wurde im Jahre 1923 die Endschleife in Wilhelmshöhe gebaut, 1925 eine Streckenverlän-

gerung vom Palmenbad bis ins Druseltal fertig gestellt und 1927 Gleise von der Weserspitze am Stadtkrankenhaus vorbei bis zur Eisenschmiede verlegt.

Beim Wagenbau verlief die Entwicklung in dieser Zeit schleppend. 1919 wurden zur Ergänzung des Wagenparks bei der Firma v. d. Zypen

Wagen waren längere Zeit nicht zu erhalten. Herr Dr. Wagner hat in langen Untersuchungen und durch umfangreiche Korrespondenz folgenden Sachverhalt festgestellt: Die Credé-Wagen gingen nach Kristiana, dem heutigen Oslo, und liefen dort bis zu ihrer Verschrottung in den fünfziger Jahren. Eine Elektrik wurde nie eingebaut, und die Fahrzeuge waren lediglich als Beiwagen im Einsatz.

Triebwagen 15 – 27
In den Jahren 1926 – 28 wurden bei der Firma Orenstein & Koppel Triebwagen gekauft, die in ihrer Größe zu den Wagen des Typs 1 – 14 passten, 14,7 t wogen und zunächst 34-kW-Motoren besaßen. Sie hatten halb offene Plattformen (die ersten, die ab Werk so geliefert wurden) und waren innen mit Quersitzen ausgestattet. Auch hatten sie schon modernere Scherenbügel.
Zwischen 1938 und 1940 erfolgte der erste Umbau: Die Plattformen wurden geschlossen.

Triebwagen 114 – 123
Diese 1925 gebauten Fahrzeuge hatten ebenfalls von Anbeginn an eine halb geschlossene Plattform mit Umhängegittern. Es waren mit den vorher genannten Fahrzeugen 15 – 27 die letzten mit Holzaufbauten.
Einige dieser Fahrzeuge haben ein besonderes Schicksal: Der Wagen 120 beispielsweise wurde 1960 zu einem Fahrschulwagen umgerüstet und erhielt die Nummer 100. 1981 kaufte das Hannoversche Straßenbahnmuseum diesen Wagen. Dort ist er noch heute zu besichtigen. Der Wagen 116 ist ebenfalls von dem vorgenannten Museum aufgekauft worden.
Wagen 123 war ein Kriegsverlust, wurde aber nach Kriegsende – wie manche anderen Fahrzeuge auch – bei der Firma Credé wieder aufgebaut und erhielt die Betriebsnummer 242.

Wieder Hoffnung

In den dreißiger Jahren schien es auch im Verkehrswesen der Stadt Kassel wieder zügig vorwärts zu gehen. Erstmals kamen ganz neu gestaltete Fahrzeuge zum Einsatz, die in ihrer Le-

zehn kleine Fahrzeuge bestellt und fünf große bei der Firma Credé in Kassel.
Auf Grund der Geldentwertung und der wirtschaftlichen Lage konnte die Straßenbahnverwaltung die bestellten Fahrzeuge nicht abnehmen. Die zehn Wagen der Firma v. d. Zypen wurden nach Stockholm verkauft. Zuverlässige Angaben über den Verbleib der restlichen

Am 1. Mai 1966 stehen „Am Stern" auf der Kurt-Schumacher-Straße die Wagen 18 (E) und 225 + 520 auf der Linie 3

benszeit keine weiteren Umbauten und Ergänzungen nötig hatten. Die Firma Credé wurde nun für längere Zeit – bis zu ihrem Ende – Lieferant für Kasseler Fahrzeuge.

Triebwagen 201 – 220

Diese Triebwagen waren in ihrem Äußeren formvollendet, hatten eine ansprechende Farbgebung und waren auch im Inneren vollständig neu gestaltet. Es kamen die Wagen

– 201 – 206 im Jahre 1932
– 207 – 212 im Jahre 1935
– 213 – 218 im Jahre 1936
– 219 + 220 im Jahre 1937 hinzu.

Es handelte sich um zweiachsige Fahrzeuge mit – erstmals für Kassel – Stahlaufbau. Sie hatten ein Tonnendach und Schiebetüren. Somit waren sie geschlossen – ein Fortschritt für Personal und Fahrgäste. Die Sitze waren quer angeordnet und mit braunem Kunstleder überzo-

gen. Zum Schutz der Fahrgäste gab es schon Sonnenrollos. Die 14,3 t schweren Fahrzeuge boten Platz für 77 Fahrgäste. Die Gesamtlänge betrug 10,4 m. Es waren wiederum zwei Siemens-Motoren mit je 70 kW eingebaut.

Eine Besonderheit war auf der in Fahrtrichtung hinteren Plattform die Möglichkeit, neben der Schiebetür eine Flügeltür zu öffnen. Zu diesem modernen Triebwagen wurden im gleichen Baustil bei der Firma Credé Beiwagen bestellt und unter den Betriebsnummern 513 – 524 im Jahre 1934 geliefert. 1937 folgten die Fortsetzungsnummern 525 – 532.

Diese Beiwagen hatten trotzdem etwas Besonderes im Vergleich zu den Triebwagen: Zwischen Plattform und Wageninnerem gab es keine Trittstufe und keine Türen.

1938 wurde der Triebwagen 215 mit dem Beiwagen 514 zur Wagenschau Düsseldorf geschickt und dort wegen seiner technischen

Der Wagen 24, aufgenommen am 2. Oktober 1965, als Einsatzwagen

Daten und wegen seines ansprechenden Äußeren von der Jury mit einem Ehrenpreis ausgezeichnet.

Dieser Beiwagen 514, aus dem in den Nachkriegsjahren im Rahmen einer Umnummerierung 501 wurde, war für eine Reihe von Jahren an den Verkehrsgarten in Kassel an der Fuldabrücke abgegeben worden.

Das Museum in Wehmingen (bei Hannover) kaufte einen anderen Beiwagen bei der KVG und wechselte ihn gegen die Nummer 501 aus, um diesen Traditionswagen erhalten zu können.

Bis in die siebziger Jahre liefen die Fahrzeuge noch im Netz und wurden dann nach dem Einsatz der modernen Gelenkzüge anderen Zwecken zugeführt.

Einige Privatleute kauften solche Fahrzeuge. So ging als erstes 1971 der Triebwagen 204 auf einen Kinderspielplatz in Bad Hersfeld.

Der Wagen 210 wurde zum Arbeitstriebwagen mit der Nummer 701 umgerüstet, und Wagen 212 lief fortan zu gleichem Zweck unter der Betriebsnummer 702. 1986 kaufte ihn das Straßenbahnmuseum in Amsterdam. Dort ist er im Museumsbetrieb zu besichtigen.

Einer der Wagen ist seit 1987 in Kassel als Abschleppfahrzeug und als Oldtimer zu sehen. Ebenfalls im Museum in Amsterdam sind die Wagen 218 seit 1983 und 224 aus der Bauserie nach 1941 seit 1984.

Die Wagen 220 und 221 wurden von einem Privatmann in Bochum aufgekauft. Dort standen sie mit entsprechenden Beiwagen in einem stillgelegten Industriegelände lange Jahre und sahen schließlich, da sie unbewacht waren, so aus, dass sie verschrottet werden mussten.

Ein großer städtebaulicher Fortschritt war 1936 der Bau des Freiheiter Durchbruchs vom Martinsplatz zum Altmarkt. Insbesondere für die

Frühe Ansichtskarten aus Kassel: Oben der Bahnhofsvorplatz, darunter ein Bild vom Königsplatz mit der Hauptpost, ganz unten die Herkulesbahn auf ihrer Fahrt durch das Druseltal

Straßenbahn war dies ein riesiger Schritt nach vorn. Es entfiel die enge, krümmungsreiche eingleisige Streckenführung durch die Stadt; damit wurde Zeit gewonnen und Verspätungen wurden vermieden. Heute verläuft etwa parallel dazu eine noch wesentlich breitere Straße vom Stern zum Altmarkt.

Ein richtungsweisender Schritt erfolgte 1939 gemeinsam von Stadt und Straßenbahnverwaltung: Es kam zu einer Neuordnung des Kasseler Nahverkehrs. Im Zuge dieser Maßnahmen änderte sich nicht nur der Name des Unternehmens von „Große Kasseler Straßenbahn AG" zu „Kasseler Verkehrsgesellschaft AG", sondern auch alle rechtlichen Vereinbarungen, die es seit 1897 gab, wurden in einem neuen Vertrag in zeitgemäßer Form zusammen gefasst.

Kernstück war die Neufassung des Heimfallrechtes. Statt des Jahres 1960, in dem alle Besitzungen der Straßenbahn nach den alten Verträgen an die Stadt fallen sollten, wurde ein 20 Jahre später liegender Termin gewählt. Damit wurde erreicht, dass Investitionen bis zum Schluss der Laufzeit getätigt werden konnten, ohne dass dem Unternehmen ein finanzieller Nachteil entstand.

Zum gleichen Zeitpunkt schlossen sich Straßenbahn und Omnibusgesellschaft (KOG) zusammen und bildeten fortan eine einheitliche Gesellschaft. All diese Vereinbarungen sind durch den Krieg letzten Endes jedoch hinfällig geworden.

Eine weitere Neuerung dieses Jahrzehnts war die Umstellung

Am 2. August 1966 entstand diese Aufnahme des Triebwagens 121 im Einsatz auf der Linie 5. Unten ein Bild des Wagens 119 vom 16. Dezember des selben Jahres, aufgenommen in Wilhelmshöhe

des Fahrkartenwesens auf eine neue Art, über die später zu berichten sein wird.

Für den Straßenbahnfreund gab es kurz vor dem 2. Weltkrieg noch ein interessantes „Schauspiel". Kassel war während der Hitler-Zeit die Stadt der Reichskriegertage. Alljährlich kamen für vier Tage viele Tausend ehemalige Soldaten und Offiziere nach Kassel, um zu feiern, zu marschieren und Bekanntschaften aufzufrischen. Auf dieses Ereignis musste sich die Straßenbahn einrichten. Jeder Wagen wurde zu diesem Anlass benötigt.

So kamen Fahrzeuge zum Vorschein, die wir als Kinder und Straßenbahninteressierte ewig nicht gesehen hatten. Außerdem war es interessant, dass in diesen Tagen viele Linien Tag und Nacht durch fuhren. Aus alten Plänen ist ersichtlich, dass die Bediensteten der Straßenbahn während der Ruhezeiten oft nicht nach Hause gehen konnten, da der nächste Dienstbeginn in kurzer Zeit vor ihnen lag. In den Be-triebshöfen waren für diesen Fall Notlager eingerichtet, damit das Personal dort hin und wieder eine Stunde schlafen konnte.

Zerstörung aller Fortschritte

Mit Ausbruch des Krieges wurden die positiven Entwicklungen abrupt gestoppt. Über die personellen Folgen wird in einem gesonderten Kapitel berichtet. Auch die Kriegsverluste an Fahrzeugen sind aus einer gesonderten Liste zu entnehmen.

Kassel als eine der meist zerstörten Städte Deutschlands hatte insofern noch „ein wenig Glück", als der große Angriff 1943 gegen Abend 20 Uhr begann. Zu dieser Zeit waren viele Fahrzeuge verstreut im Gebiet der Stadt und in der Umgebung unterwegs.

Ein schlimmerer Schaden für die Straßenbahn wäre entstanden, wenn etwa nach Betriebsschluss zu Mitternacht der Betriebsbahnhof

Der Unterneustädter Kirchplatz: Die Straßenbahn fährt noch in einem großen Bogen vor dem Gefängnis her und dann weiter in die Leipziger Straße. Die Schienen für eine gerade Durchfahrt wurden erst später gelegt

Wilhelmshöhe zerstört worden wäre. Auch hierüber wird noch zu berichten sein.

Doch noch war am Anfang des Krieges nichts von seinem Ende zu ahnen. Allgemeine Zuversicht wurde verkündet, als mitten im Krieg Material und Menschen zur Verfügung standen, um 1940/41 eine große Streckenverlängerung von Niederzwehren-Mitte nach Altenbauna zu bauen. Möglich war dieses nur, weil das Endziel der Neubaustrecke vor der Flug-motorenfabrik der Firma Henschel in Altenbauna lag.

Einweihung der wieder aufgebauten Fuldabrücke

So wurde eine lange eingleisige Strecke mit Überholgleis am Goldbach und Mattenberg gebaut, für die natürlich auch Fahrzeuge benötigt wurden. Von der Firma Credé wurde der begonnene Wagentyp 201 unter den Betriebsnummern 221 – 232 als Trieb-wagen und unter 533 – 546 als Beiwagen weiter gebaut und 1941 ausgeliefert. Bei diesen Wagen handelte es sich im Wesentlichen um eine Fort-setzung der angefangenen Serie, so dass bei Triebwagen und Beiwagen kaum Unterschiede gravierender Art festzustellen waren, abgese-hen von einer etwas abgewandelten Dachform und einer anderen Belüftung. Rein äußerlich unterschied sich diese Baureihe von den bisherigen dadurch, dass an den Seitenflächen oberhalb der Beschriftung der grüne Wulst ent-fallen war.

Ein negatives Ereignis vor den großen Bombenangriffen war 1941 ein erneuter Unfall an der Endstati-on Druseltal. Dieses Mal rollte der Beiwagen 525 ohne Personen im Rahmen eines Rangiermanövers wieder die gleiche Straße abwärts (heute Hugo-Preuss-Straße) und landete an der selben Kurve wie 1927 in einem Eckgarten. Dies ge-schah, als der Beiwagen abgehängt war und der Triebwagen umgesetzt

werden sollte. Aus diesem Ereignis wurden Lehren gezogen und eine Rückfallweiche ein-gebaut. Der ankommende Zug musste nun so halten, dass der Beiwagen über diese Rückfall-weiche hinaus zum Stehen kam. War er ab-gehängt, war die Weiche immer so gestellt, dass er aus dem Gleis auf die Straße zur Seite gelenkt wurde.

Der Glanz der ersten Kriegsjahre verblasste, die Kriegsverluste an Fahrzeugen stiegen. Trotzdem schien die Straßenbahn im Vergleich zur Größe der allgemeinen Schäden in der Stadt noch glimpflich davon gekommen zu

Wiederaufbau in der Nähe der Jordanstraße

Der Wagen 117 fährt am 5. April 1966 von der Kurfürstenstraße zur Haltestelle Hauptbahnhof ab. Ein Jahr später wird er zum Arbeitswagen 724 umgebaut. Unten der Wagen 27 mit dem Beiwagen 520 am 2. März 1967

Triebwagen 209 mit Beiwagen 514, dahinter Triebwagen 121, aufgenommen am 23. September 1965 an der Haltestelle „Am Goldbach". Unten die Verschrottung des Triebwagens 26 am 3. März 1967

sein. Durch die ab 1943 erfolgenden Bombenangriffe wurde das Gleisnetz immer wieder unterbrochen. Bis zum Ende der Kriegszeit war die Innenstadt kaum noch befahrbar, so dass zum Beispiel der von Westen kommende Verkehr an der Annastraße oder an der Ulmenstraße (Wilhelmshöher Allee) endete.

Da die Zerstörungen in deutschen Städten unterschiedlich waren und in der zweiten Hälfte des Krieges fast ganz Europa von Deutschland besetzt war, schuf ein Gesetz die Möglichkeit, Fahrzeuge je nach Zerstörungsgrad der Städte untereinander auszutauschen. Die Grundlage hierfür bot das Reichsleistungsgesetz. In diesem war beispielsweise festgelegt, dass ein Austausch von Amsterdam:
– nach Beuthen mit 15 Wagen
– nach Dortmund mit 26 Wagen
– nach Bremen mit 54 Wagen
– nach Köln mit fünf Wagen
zu erfolgen hatte.

Für Kassel galt folgende Regelung: Zehn Beiwagen aus der Reihe 541 wurden von Kassel nach Lodz in Polen abgegeben. Es handelte sich um die Wagen 541, 542, 545, 546, 549, 553, 557, 558, 560 und 571.

Als Austausch für die zerstörten Fahrzeuge in Kassel musste Rotterdam acht Triebwagen und drei Beiwagen nach Kassel abstellen. Es handelte sich bei den Triebwagen um die Nummern 152, 153, 156, 158 – 160, 180, 183. Bei den Beiwagen waren es die Nummern 1359 – 1361. Diese Fahrzeuge kamen in Kassel nie zum Einsatz und standen nur auf einem Abstellgleis in Wilhelmshöhe. Nach dem Krieg wurden die Beiwagen 513 – 546 umnummeriert.

Die Königsstraße, Blick zum Kaufhof, im Winter 1948/49

Wiederaufbau aus Trümmern

In den letzten drei Monaten des Krieges waren noch schwere Angriffe gegen Kassel geflogen worden. Alles, was vom Streckennetz nicht zerbombt war, wurde von zerstörten Haustrümmern überlagert. Die gesamte Innenstadt war ein Trümmerhaufen. Trotzdem konnte schon am 22. April 1945 der Straßenbahnverkehr ansatzweise wieder aufgenommen werden.

Neben der Zerstörung gab es auch Anordnungen der Besatzungsmacht, dass bestimmte Straßenzüge nur mit Militärfahrzeugen befahren werden durften. Das bezog sich zum Beispiel auf die Frankfurter Straße. Bis zum Frühjahr 1946 endete der Straßenbahnverkehr aus dem Westen oberhalb des Rathauses am Ständeplatz, und erst im April 1946 wurde die Erlaubnis erteilt, die Frankfurter Straße bis Park Schönfeld zu befahren.

Der nun noch verbliebene Wagenpark bestand aus 36 Triebwagen und 18 Beiwagen. Der Großteil davon stand in Wilhelmshöhe, doch gab es auch zwei Außenposten ohne direkte Verbindung zur Hauptwerkstatt. Das war einmal der Stadtteil rechts der Fulda, Bettenhausen, der nicht mehr zur Stadt hin überquert werden konnte, da die Fuldabrücke im Rahmen der letzten Kriegshandlungen zerstört worden war. Der andere Außenposten bezog sich auf die Fahrzeuge, die zum Zeitpunkt des furchtbaren Angriffs 1943 zufällig im Raum Niederzwehren-Altenbauna standen.

Da die Frankfurter Straße zwischen Park Schönfeld und Niederzwehren (Dennhäuser Straße) von Bombentrichtern übersät war, dauerte es noch lange, bis wieder eine Verbindung zur Stadt vorhanden war.

Jede Haltestelle, die im Bereich der Innenstadt wieder angefahren werden konnte, war eine Bereicherung und ein Segen für die Bevölkerung. Ein enormer Aufbauwille bewirkte, dass die Fuldabrücke 1948 am 1. November wieder eingeweiht werden konnte und damit dem Verkehr zur Verfügung stand.

Sogar Neues wurde in diesem Jahrzehnt geschaffen: Von Bettenhausen aus verlängerte man 1949 die Strecke bis zur Forstfeldstraße und 1956 weiter zum Lindenberg. 1953 – 1955 entstand eine Direktverbindung von der Weserspitze die Ihringshäuser Straße aufwärts bis zur ehemaligen Endstation Eisenschmiede und verlängerte sich dann im Laufe der folgenden Zeit bis zur heutigen Endstation Ihringshäuser Straße. Hier entstand zwischen Weserspitze und Eisenschmiede auch der erste von der Straße unabhängige eigene Gleiskörper.

Ende der fünfziger Jahre hatte Kassel einen guten Namen im deutschen Fußball. Die Spiele waren auf hohem Niveau und die Zahl der Zuschauer reichlich. Man träumte sogar von einer Vergrößerung des Auestadions wegen eines eventuellen Aufstiegs in die 1. Bundesliga. Deshalb wurde 1957 eine Wendeschleife in der Franfurter Straße vor dem Auestadion gebaut. Zu dieser Zeit kam die Masse der Zuschauer noch nicht mit dem Auto sondern fuhr mit der Straßenbahn.

Die Aufbauleistungen deutscher Städte nach dem 2. Weltkrieg sind in hohem Maße anerkennenswert. Dieses Lob gilt auch im besonderen Maße für die Stadt Kassel, doch manchmal kann ein besonderes Ereignis auch einen besonderen Schub bewirken.

Triebwagen 251 – 255

In diesem Fall war es die erste Bundesgartenschau nach dem Kriege, die am 5. Mai 1955 durch den damaligen Bundespräsidenten Heuss eröffnet wurde. Auch die Verkehrsbetriebe nahmen dies zum Anlass, zehn Jahre nach Kriegsende die ersten fünf Fahrzeuggespanne neu zu beschaffen. Es handelte sich um die Wagen 251 – 255 und die zugehörigen Beiwagen 551 – 555. Dieser Wagentyp brachte verschiedene Neuerungen für Kassel und für die KVG. Erstmalig wurden Einrichtungsfahrzeuge beschafft. Die ersten beiden Züge waren noch als Zweirichtungsfahrzeuge gebaut worden, wurden jedoch sehr bald den nachfolgenden Wagen so angeglichen, dass sie nur noch als Einrichtungsfahrzeuge einzusetzen waren. Da man Endschleifen haben musste, konnte deren Einsatz nur auf bestimmten Linien statt-

In der Schleife am Auestadion wendet am 13. August 1967 der Triebwagen 241. Unten eine Impression aus dem Winter 1967 von der Endstation Wilhelmshöhe, wo der Triebwagen 228 mit dem Beiwagen 528 hält

Musteraktie der Großen Casseler Straßenbahn von 1897

Der Wagen 251 mit passendem Beiwagen 1955 am Scheidemannplatz

finden. Dadurch waren die Linien 1 und 2 hierfür besonders geeignet.

Eine weitere Neuerung war der Fahrgastfluss, bei dem der Fahrgast den hinteren Eingang zu wählen hatte und am sitzenden Schaffner vorbei ging. Vorn war nur der Ausstieg vorgesehen. Diese 10,5 m langen und 13 t schweren Leichtbaustahlwagen waren eine Fortentwicklung der KSW-Fahrzeuge. Somit handelte es sich erstmalig bei Neubeschaffungen nicht um eine eigene Neuentwicklung für Kassel.

Die letzten Tage

Es ist Karfreitag, der 30. März 1945. Gegen Abend rücken die wenigen Wagen, die heute unterwegs waren, in den Betriebhof Wilhelmshöhe ein. Die Stadt liegt in Trümmern. Die letzten Angriffe auf Kassel liegen erst einige Tage zurück: Am Abend des 8. März und am Morgen des 9. März 1945 sind noch einmal schwere Schäden, vor allem im Westen und Süden der Stadt, eingetreten. Das Wilhelmshöher Schloss ist ausgebrannt, die Löwenburg fast zerstört.

Nur kurze, vom übrigen Netz abgeschnittene Strecken können noch befahren werden: Vom Bahnhof Wilhelmshöhe zum Druseltal, von der Kronprinzenstraße zur Mauerstraße (über den Hauptbahnhof), ein Stückchen in Niederzwehren (ausgehend vom dortigen Betriebsbahnhof), von der Keudellstraße (heute Aschrottstraße, hinter der Stadthalle) zur Stahlbergstraße und in Bettenhausen von der zerstörten Fuldabrücke bis zum Leipziger Platz. In Kirchditmold und in der Innenstadt sind die dort durch Angriffe abgeschnittenen Wagen „gefangen". Sie können keinen Betriebshof erreichen; sie werden nachts, oder wenn sie wegen Stromsperre am Tage nicht fahren können, einfach auf der Strecke abgestellt.

Das Personal versammelt sich im Betriebsbahnhof Wilhelmshöhe, der weitgehend von Angriffen verschont geblieben ist. An diesem Karfreitag herrscht eine unruhige, gespannte Stimmung unter den überwiegend älteren Männern (nur die holländischen Fahrer sind jung!) und den jungen Schaffnerinnen, die da zusammen gekommen sind: Man weiß, dass sich nun die amerikanische Armee rasch von Westen her nähert. Wird Kassel zur „Festung" und verteidigt werden? Welche Opfer und Zerstörungen stehen dann noch bevor? Aber andererseits: Der Krieg ist, zumindest für den Kasseler Raum, nun bald zu Ende, und so mischt sich ein Fünkchen Hoffnung in die allgemeine Angst. Die Ausländer (es gibt auch Franzosen, ehemalige französische Kriegsgefangene, unter den KVG-Angehörigen) sprechen verstohlen von baldiger Heimkehr.

Das tatenlose Warten wird unterbrochen durch eine Anordnung von Direktor Werner: Akten aus dem Verwaltungsgebäude sollen verlegt werden, um sie möglichst zu bewahren. Es handelt sich vorwiegend um technische Zeichnungen, aber auch um Personalakten und kaufmännische Unterlagen des Betriebes. Auch das Archiv ist dabei. Dahinter steht die Befürchtung der Direktion, dass bei den bevorstehenden Kämpfen in Kassel der Betriebsbahnhof Wilhelmshöhe besonders gefährdet sein könnte. Schon mehrfach sind in an-

Doch dieser Kauf hat auch viel Kritik hervor gerufen, weil es sich wieder um starre Achsen handelte, und so wurden diese Fahrzeuge „Schienenfresser" genannt. Andere Städte waren in diesem Punkt schon weiter voraus. Die Einsatzzeit dieses Wagentyps war beschränkt und die kürzeste aller Modelle. Auch in der Farbgebung war eine Neuerung festzustellen. Statt der üblichen beige-gelben Farbe wurde die Kombination rot-elfenbein gewählt.

Nach kurzer Laufzeit wurden einige Fahrzeuge bereits aus dem Verkehr gezogen. Der Wagen 251 kam auf einen Kinderspielplatz in Kassel-Wehlheiden. Die restlichen Fahrzeuge wurden schon

zwischen 1971 und 1973 zur Verschrottung abgegeben.

Die großen Aufbauleistungen in der Innenstadt bezogen sich insbesondere auf den Bereich Königsplatz – Lutherplatz – Altmarkt. Hier gab es bis zum Kriegsende zwei schmale Straßenverbindungen vom Lutherplatz zum Martinsplatz über die Hohentorstraße und die Hed-

deren Städten Straßenbahnwagen zum Barrikadenbau verwendet worden. Also nimmt man sich zwei auf dem Hof stehende Triebwagen (darunter den offenen Rangierwagen 42) und fährt sie passend vor das Verwaltungsgebäude.

Die Akten werden teilweise in Waschkörbe verpackt, teilweise aber auch einfach auf dem Arm transportiert

Umbau „Am Stern", aufgenommen im August 1954

und in die Wagen gelegt. Ziel der Fahrt ist das alte Stationsgebäude an der Endstation Wilhelmshöhe. Hier wohnt zwar auch ein Aufsichtsbeamter, aber im 1. Stock ist ein großer leerer Raum (die ehemalige Wartehalle der Dampfbahn), außerdem sind Nebenräume vorhanden; und als alle diese Räume belegt sind, wird auch die Wohnung in Anspruch genommen. Die Stimmung hat sich inzwischen gebessert: Man kann doch etwas tun! Hin und wieder kommt sogar ein Lachen auf. Die Arbeit dauert bis gegen 19 Uhr am Abend. Nun könnte man nach Hause gehen (die meisten haben einen längeren Fußweg vor sich), aber die Stimmung hält sie fest. Es ist wohl das Gefühl, dass man die bevorstehende Gefahr am besten gemeinsam bewältigen kann. Es ist dunkel geworden, und gegen 21 Uhr beginnt plötzlich auf der Straße vor dem Betriebsbahnhof (die ja von der Rasenallee kommt) ein

lautes und heftiges Kolonnenfahren. Es sind deutsche Soldaten, die da auf dem Lkw hocken, sie sehen mitgenommen aus, die Uniformen zerschlissen, teilweise sind sie ohne Stahlhelm. Eine Kolonne hält, als sie die Straßenbahner dort stehen sieht, die Soldaten rufen: „Die Amis sind in Fritzlar!" Schnell wird versucht, ein warmes Getränk aufzubrühen. Mancher hat auch noch etwas zu essen. Die Soldaten fahren weiter, nach Osten, wie sie sagen.

Aber nun ist wieder eine andere Stimmung eingetreten, es ist sozusagen eine Entscheidung gefallen. Morgen werden die „Amis" Kassel erreichen. Straßenbahn fahren ist vorläufig zu Ende. Was nun kommt, wird man durchstehen müssen. Wer weiß, ob und wie man sich wiedersehen wird. Jetzt muss man schnell nach Hause, auf viele wartet die Familie.

WOLFGANG SANDER

Gespann 251/551 am Ständeplatz (September 1965), unten am Königsplatz die Wagen 252/552

Der Gelenkwagen 260, erster und einziger seiner Art: Zuerst in roter Lackierung, wurde er später mit blauer Farbgebung im unteren Bereich versehen (Bild von der Schanzenstraße/Prinzenquelle vom Juli 1967)

Kassel entsteht neu: Die großen freien Flächen am Neustädter Kirchplatz lassen noch die Wunden der Bombenangriffe erahnen. Ein Einsatzwagen wartet an der Haltestelle

wigstraße. Durch jede davon fuhr die Straßenbahn in verschiedene Richtungen. Heute ist der Mittelpunkt dieses Bereiches der Stern, von dem in vier Richtungen Straßen abzweigen. Im Übrigen sind die Begradigungen kleinerer Art im Einzelnen hier nicht aufzuzählen.

Orientierung in Grundfragen

Die folgenden 25 Jahre waren bestimmt von einer Neuorientierung in verschiedenen Bereichen. Es ging um die Fragen:
– Einrichtungsfahrzeuge oder Zweirichtungsfahrzeuge?
– Zahl der Radsätze?
– Größe der Fahrzeuge?
– Lieferfirmen?
In diesem Zeitabschnitt wurden folgende Neuanschaffungen getätigt:

1955	Wagen 260
1956/57	Wagen 261 – 280
1958	Wagen 281 – 288
1966/67	Wagen 301 – 314

1966/67	Wagen 351 – 357
1970	Wagen 315 – 317
1971	Wagen 358 – 366 und Beiwagen 561 – 565
1967	Beiwagen 566 – 571.

Der Triebwagen 260 wurde aus dem Verbandstyp entwickelt und hatte allerdings wieder, wie in Kassel üblich, starre Achsen und war von Anfang an ohne Beiwagenbetrieb geplant. Er war der Vorläufer der dann folgenden Gelenktriebwagen.

Bei der Konstruktion wurde im Grunde so verfahren, dass man einen Triebwagen und einen Beiwagen mit abgeschnittener Plattform gegeneinander kehrte und dazwischen ein frei schwebendes Mittelteil mit drehbarer Brücke setzte, die während der Fahrt begehbar war. Zunächst waren vorn und hinten Teleskopschiebetüren und in der Mitte elektromechanische Doppelfalttüren eingebaut. Später wurden bei einem Umbau die Türen einander angeglichen. Die Sitze waren aus grünem Kunstleder, wobei im hinteren Teil nur Einzelsitze in

Fahrtrichtung eingebaut waren. Sie glichen in ihrer Art jenen, die bereits vor dem Krieg im Wagen Typ 201 eingebaut waren, jedoch damals in besserer Qualität.

Beim Umbau 1967 wurde auf Einmannbetrieb umgestellt; der Schaffnersitz verschwand. Außerdem wurde dabei die äußere Farbgebung geändert. 1955 hatte man eine deutliche Unterscheidung zu den bisherigen Typen durch eine andersartige Farbgebung herbeiführen wollen und entschied sich für kirschrot-elfenbein. Nun wurde zu den Kasseler Stadtfarben übergegangen und azurblau-elfenbein gewählt. Zunächst war es ein helles Blau, doch sehr bald entschied man sich für einen etwas dunkleren Ton.

Dieser Prototyp unserer Gelenkwagen ist leider nicht mehr in Kassel beheimatet. Er wurde 1983 ins Hannoversche Straßenbahnmuseum

überführt und steht heute dort, jedoch in einem bedauernswerten Zustand, zur Besichtigung auf dem Museumsgelände.

Triebwagen 261 – 288

Eine Fortentwicklung aus dem Wagen 260 sind die folgenden Fahrzeuge 261 – 288. Sie erhielten eine äußerlich ansprechendere Form. An den Wagenenden waren sie runder, die Frontscheiben waren gewölbt und nach innen geneigt. Alle Wagen liefen zunächst in den beschriebenen Farben kirschrot-elfenbein.

In der Praxis war diese Serie wegen der starren Achsen auch unter dem Begriff „Schienenfräse" bekannt. Sie besaß außerdem eine zu geringe Beschleunigung und eine nicht befriedigende Endgeschwindigkeit. Aus dieser Serie wurden zehn Wagen nach Polen (Gorzow / früher Landsberg an der Warthe) in den Jahren

Blick in die Königsstraße, links das Rathaus, zu Beginn der fünfziger Jahre

Die Serien-Gelenkwagen ab Nr. 261: Oben der Wagen 282 in Mattenberg (1966), unten der 266 am Weinberg (1981)

Die Endschleife in Lindenberg mit dem Wagen 264 (1966), unten der 273, als Kunstwerk zur „documenta VIII" 1987

Der Wagen 270 überquert als Zug der Linie 7 nach Rothenditmold den Königsplatz

1990/91 verkauft. Dabei handelte es sich um die Wagen 264, 266, 268, 270, 275, 276, 277, 278 und 279.

Der Wagen 269 wurde 1987 vom Straßenbahnmuseum Amsterdam aufgekauft, ebenso der Wagen 282. Beide Fahrzeuge können noch heute in Amsterdam im Oldtimerverkehr besichtigt werden.

Wagen 287 ging 1983 an die Feuerwehrwache 2 in Kassel und diente dort lange Jahre als Übungsobjekt für Feuerwehrleute.

Vielen in Kassel ist der Wagen 273 sicherlich noch in Erinnerung. Er war zur „documenta VIII", 1987, von einer Schweizer Künstlergruppe im Sinne der documenta außen und innen verfremdet worden und ist heute, befreit von diesem Schmuck, im Betriebshof Holländische Straße zu besichtigen.

Triebwagen 351 – 366

Dem Fortschritt zugewandt sollten jene Fahrzeuge sein, die in der Folgezeit beschafft wurden. Man ging von den starren Achsen ab. Die Serie 351 – 366 könnte man als eine Gesamtheit mit kleineren Unterschieden ansprechen. Doch muss man diese Serie in zwei Schübe aufteilen, und dabei fällt auf, dass trotz der genannten Übereinstimmung zwei Firmen am Bau beteiligt waren, und zwar für die Wagen 351 – 357 die Firma Credé mit den Baujahren 1966/67 und die Firma Wegmann, beide in Kassel, für die Wagen 358 – 366 in den Jahren 1970/71. Beide Teilserien waren Sechsachser mit 23 t Leergewicht und einer Länge von 19 m. Es waren zwei Motoren mit je 110 kW eingebaut. Diese etwas seltsame Produktion hing damit zusammen, dass während der Beschaffungsphase die Firma Credé ihren Betrieb schloss und Wegmann die Folgeaufträge übernahm.

Gleichzeitig mit den Triebwagen wurden 1967 von der Firma Credé vierachsige Beiwagen ausgeliefert (561 – 565) und 1970/71 die Wagen 566 – 571 von der Firma Wegmann. Triebwagen und Beiwagen waren Einrichtungsfahrzeuge. Die Beiwagen hatten ein Leergewicht von 11 t bei einer Länge von 13 m. In Form und In-

Titelseiten des Magazins „Die Straßenbahn" von 1950 bis 1974, Mitteilungsblatt der KVG

Bau der Tunnelstrecke am Hauptbahnhof

Schienentransport mit dem Arbeitswagen 701

neneinrichtung glichen sich beide Firmenprodukte, wobei die Firma Wegmann die Fahrzeuge baute, die von der Stirnfront her etwas schmaler und damit insgesamt auch etwas länger wirkten.

Heute, an der Wende zum Jahr 2002, laufen von diesem Typ nur noch Restbestände auf der Linie 1. Während der Schulzeit sind meistens zwei Züge im Einsatz: Triebwagen 354 mit Beiwagen 569 und Triebwagen 355 mit Beiwagen 563. In Reserve steht noch der Triebwagen 363 mit Beiwagen 562.

Beiwagen und Triebwagen können von der hinteren Plattform durch einen Hilfsschalter rangiert werden.

Nur einmal in der Geschichte der Kasseler Straßenbahn wurden 1985 gebrauchte Fahrzeuge, in diesem Falle Beiwagen, gekauft, und zwar von den Stadtwerken Frankfurt. Diese vierachsigen Wagen hatten in Frankfurt die Betriebsnummern 1206, 1208 und 1212 und waren 1958 von Düwag gebaut worden. Nach der Anpassung an das Kasseler System liefen sie unter den Betriebsnummern 575 und 576. Der dritte dieser Wagen diente als Ersatzteilspender.

Die Wagen 351 – 357 trugen bei Auslieferung die Nummern 315 – 321. Als der Wagentyp 301 kurze Zeit später über die Betriebsnummer 314 hinaus erweitert wurde, musste Raum geschaffen werden für neue Nummern. So wurden 315 – 321 zu 351 – 357. Eine Reihe von Wagen dieses Typs ging inzwischen nach Polen.

Der Wagen 360 hatte einen schweren Verkehrsunfall mit

Arbeitswagen: Die Nr. 317 betreibt Schienenpflege und der Wagen 254 zieht in diesem Fall einen Schneepflug

Gute Rundumsicht: Blick in den Führerstand eines Wagens der Serie 301 – 304

einem anderen Straßenbahnwagen, der in der Vorderfront völlig zertrümmert wurde. Nun erhielt der Wagen 360 das Vorderteil des beschädigten Triebwagens 302, der sowieso nicht wieder aufgebaut werden konnte.

Wagen 301 – 317
Etwa zur selben Zeit wie der vorige Typ wurden die Fahrzeuge 301 – 314 im Jahre 1966 von der Firma Wegmann als Sechsachser mit einem Leergewicht von 24 t und einer Länge von 24 m gebaut. Sie hatten zwei Motoren mit je 120 kW. 1970 folgten die Triebwagen 315 – 317 von der selben Firma in der gleichen Ausführung wie oben beschrieben. 301 – 304 waren bei der Lieferung mit Siematic-Schaltung ausgerüstet.
Nicht mehr betriebsfähige oder veraltete Fahrzeuge wurden immer wieder veräußert. Die

Käufer waren entweder Privatpersonen, Museen oder andere Verkehrsbetriebe. Die gegenüber stehende Tabelle gibt darüber Auskunft.
Eine Besonderheit im Stadtbild war für kurze Zeit das Gespann 308 mit 313. Beide Fahrzeuge waren so miteinander verbunden, dass sie nur noch in Doppeltraktion fahren konnten und nur noch einen Fahrschalter für Einrichtungsbetrieb hatten. Die nicht benötigten Fahrschalter waren ausgebaut worden. In der Praxis ergaben sich Schwierigkeiten, da die Länge der beiden zusammengebauten Fahrzeuge größer war als die Länge vieler Bahnsteige. Aus diesem Grunde ging das Gespann, wie aus der Tabelle ersichtlich ist, nach Gorzow.
Das Suchen und Orientieren war aber nicht nur auf Fahrzeuge beschränkt, sondern es ging auch um eine neue Lieferfirma. Einst hatte die Firma v. d Zypen für Kassel gebaut, dann Jahrzehnte mit sehr gutem Erfolg die Firma Credé, und nun war auch Wegmann ausgefallen. So bestimmten in der Folgezeit Fahrzeuge der Firma Düwag das Kasseler Straßenbild. Ein weiteres Suchen und Orientieren betraf das Problem der Betriebshöfe. Hierüber wird noch zu berichten sein.
Wie sehr man Orientierung hätte brauchen können, wird ersichtlich, wenn man die Jahre zwischen 1966 und 1968 betrachtet. Da gab es auf der einen Seite das höchst bedauerliche Ereignis des Abbaus der Herkulesbahn zwischen Kirchweg und Brasselsberg und kurze Zeit später auch vom Luisenhaus bis zum Herkules. Fast zur gleichen Zeit beglückwünschte man sich zu der Baumaßnahme vor dem Hauptbahnhof und war stolz, knappe 200 Meter U-Bahnstrecke zu besitzen. Dort Abbau eines Schienenverkehrsmittels – hier Jubel um moderne Verkehrslösungen. Widersprüchlicher ging es kaum.
Und was kam danach? In Stille und ohne sichtbare Proteste der Bürger wurde die Straßenbahnstrecke vom Lutherplatz nach Rothenditmold eingestellt (1971). Die siebziger Jahre sind ein Beleg für den Wandel in der Verkehrsplanung. Dem Auto wurde alles gewidmet, und

Liebe Mitbürgerinnen und Mitbürger!

Haben Sie schon einmal hinter einem Bus oder Lkw gestanden oder liegt
Ihr Schlafzimmerfenster über einer Bushaltestelle?
Dann wissen Sie, was für einem Gestank und Lärm Sie ausgesetzt sind.

Wie wir gerüchteweise erfahren haben, beabsichtigt die Kasseler Verkehrsgesellschaft A.G., die Straßenbahnlinien 2 und 8 und die Linie 6 von
Weserspitze bis Wolfsanger/Endhaltestelle stillzulegen und den Personenverkehr auf diesen Linien mit Bussen durchzuführen.

Diese Maßnahme hätte eindeutig eine Erhöhung der Umweltbelastung zur
Folge und würde die unmittelbaren Anlieger am schärfsten treffen.

Das sind ja schöne Aussichten ! ! ! Wie kommt man zu solchen Überlegungen?
Der Bus ist billiger ! Stimmt dieses so ?

Entschieden wehrten sich Kasseler Bürger gegen weitgehende Stilllegungspläne der Straßenbahn

Verbleib der Fahrzeuge 301 – 317				
Fahrzeug-Nr.	abgestellt	weitere Verwendung	verschrottet	verkauft
301	20.06.92		12.03.96	
302	22.04.91	nach Unfall verschrottet	22.04.91	
303	20.06.92	verkauft nach Amsterdam, Museum		05.12.94
304	01.08.93		15.07.94	
305	01.07.99	verkauft nach Amsterdam, Museum		04.08.99
306	21.07.94	verkauft nach Gorzow		
307	01.07.99	verkauft nach Gorzow		
308	01.07.99	verkauft nach Gorzow		20.07.99
309	01.07.99	verkauft nach Gorzow		
310	01.07.99	verkauft nach Amsterdam, Museum		04.08.99
311	21.07.94	verkauft nach Gorzow		
312	01.07.99	verkauft nach Gorzow		28.07.99
313	01.07.99	verkauft nach Gorzow		20.07.99
314	01.07.99	verkauft nach Gorzow		
315	22.06.99	abgestellt		
316		Fahrschulwagen		
317		Schienenpflegewagen		

Am 10. Juli 1992 wurde in Gorzow Wlkp., dem früheren Landsberg (Warthe), dieser Kasseler Wagen mit der neuen Nummer 206 eingesetzt. Unten der Wagen 402 auf der Linie 7 unterwegs in der Rolandstraße

Wagen 313 im Betriebshof Wilhelmshöhe, unten der 307 bei der Einfahrt in die Schleife am Aue-Stadion (1979)

Innenansicht eines Wagens der Serie 301 – 304

alles, was da störte, besonders die Straßenbahnen, hatten zu verschwinden. Kassel war in jener Zeit in der Nähe der Städte, die der Straßenbahn den Todesstoß versetzten, z. B.:

in den fünfziger Jahren:
Wiesbaden, Marburg, Lübeck, Oldenburg, Trier;

in den sechziger Jahren:
Offenbach, Koblenz, Oberhausen, Osnabrück, Paderborn, Regensburg, Saarbrücken;

und in den siebziger Jahren:
Flensburg, Reutlingen und Hamburg.

So glücklich man jetzt um die Jahrtausendwende über die positiven Geschehnisse in Kassel ist, so soll aber auch auf die Jahre der Irrungen und Wirrungen 1978/80 hingewiesen werden. Zu der Zeit glaubte man auch in Kassel, dem scheinbar fortschrittlichen Zug folgen zu müssen und schrieb in den Überlegungen der maß-

geblichen Kommunalpolitiker die Straßenbahn schon langsam ab.

Die KVG beteiligte sich an dieser Kampagne mit dem Slogan: „Vorteil für viele – sparsamer für alle". Man war also damals in Kassel auch fast am Ende mit seiner Straßenbahn. Konkret handelte es sich um die Stilllegung der Strecken Bebelplatz – Hessenschanze und Weserspitze – Wolfsanger.

Erstaunlich, wie damals die Bevölkerung, insbesondere in Kirchditmold und Wolfsanger, den Plänen der Stadt eine Abfuhr erteilte. In großen Versammlungen in den Ortsteilen sollte den Leuten der Busverkehr von der kostengünstigen Seite nahe gebracht werden. Viele Bürger verharrten jedoch in der Befürchtung, dass eine jetzt erfolgende Zustimmung zur Kappung dieser Strecken das Ende der Straßenbahn insgesamt in Kassel sein würde. Die Abwehr der Bürger war einmütig und hatte Erfolg.

Ihre Gegenparole zu „Vorteile für viele – sparsamer für alle" hieß: „Nachteile für alle – Vorteile für keinen".

Schließlich stellte sich der Erfolg ein. Man konnte in der Zeitung am 26. März 1980 lesen: *„Der Magistrat hat Pläne der KVG abgelehnt, die Straßenbahn bleibt".* Bürgermeister Hille sagte: *„Die von Sachverständigen empfohlenen Wirtschaftsuntersuchungen der Teilstrecken Bebelplatz – Hessenschanze und Weserspitze – Wolfsanger führten zu den von der KVG unterbreiteten Vorschlägen, die letztlich auf der Ersatzbeschaffung von Straßenbahnwagen beruht."*

Sicherlich waren die Bürgerinitiativen auch daraus zu erklären, dass man 15 Jahre vorher, 1966, im Schnellverfahren die Herkulesbahn abgeschafft hatte. Noch heute kann man feststellen, wie die Bürger gerade an diesem Verkehrsmittel hingen.

Vorwärts in neue Zeiten

Auftakt des ersten Jahrzehnts dieses Zeitabschnittes war 1981 die Beschaffung der ersten Stadtbahnwagen mit den Betriebsnummern 401 – 416, die 1986 durch sechs weitere Fahr-

Die Haltestelle Hauptbahnhof wird unterirdisch angesteuert. Im Einsatz auf der Linie 3 ist hier der Wagen 308.
Unten ein Bild vom Königsplatz vom Juni 1972. Noch immer gibt es Lücken in der Bebauung

Wagen 315 in der Königsstraße und unten der Königsplatz mit der inzwischen abgetragenen Holztreppe

In der Endschleife Wilhelmshöhe wartet der 355 und unten kommt der 414 die Wilhelmshöher Allee herab

Wunderbare Nachtaufnahme: Betriebshof Wilhelmshöhe am 20. September 1967

zeuge bis Betriebsnummer 422 aufgestockt wurden. Zur Erprobung dieses Typs war für einige Wochen bis zum 18. Dezember 1979 der Wagen 111 der Verkehrsbetriebe Dortmund in Kassel gelaufen und hatte hier Zustimmung gefunden.

Zehn Jahre waren nun wieder vergangen, ehe neue Schienenfahrzeuge bestellt werden konnten. Die Auslieferung erfolgte erneut zu einer Bundesgartenschau, und zwar im Jahre 1981. Vorausgegangen waren Untersuchungen über die zukünftigen Fahrzeugtypen und den Hersteller.

Wegen Ausfalls der Kasseler Firmen war ein Nachbau der Wegmann-Fahrzeuge nicht mehr möglich und auch nicht erstrebenswert, da sich neue Entwickungen im technischen Bereich gezeigt hatten.

An den Kosten scheitern musste auch eine eigens für Kassel durchzuführende Neukonstruktion für die relativ kleinen Serien von 15 oder 25 Fahrzeugen. Die Entscheidung fiel endgültig nach dem genannten Probebetrieb; den Zuschlag erhielt die Firma Düwag für den in anderen Städten schon bewährten Stadtbahnwagen.

Gewählt wurde das achtachsige Zweirichtungsfahrzeug in Normalspurausführung N8C. Die Elektroausrüstung wurde von den Firmen AEG und Siemens unter Federführung der AEG konzipiert, bei einer Kalkulation von etwa zwei Millionen Mark je Fahrzeug. Für die KVG und ihre Fahrgäste stellten diese Triebzüge eine neue Fahrzeuggeneration in Bezug auf Art, Größe und Wirtschaftlichkeit dar.

Gravierende Änderungen im Gegensatz zu den vorhandenen Fahrzeugen lagen in einer um zehn Zentimeter größeren Breite von 2,30 m und einer Länge von ca. 26 m. Es war eine neuartige elektrische Antriebsausrüstung mit Stromrückgewinnung von Anfang an eingeplant.

Technische Hauptdaten der Wagen 401 – 422	
Fahrzeuglänge	26,00 m
Fahrzeugbreite	2,30 m
Höhe über Dach	3,34 m
Gewicht leer	35,50 t
besetzt	50,20 t
Höchstgeschwindigkeit	70 km/h
Sitzplätze	54 / 86
Motorleistung	2 x 217 kW

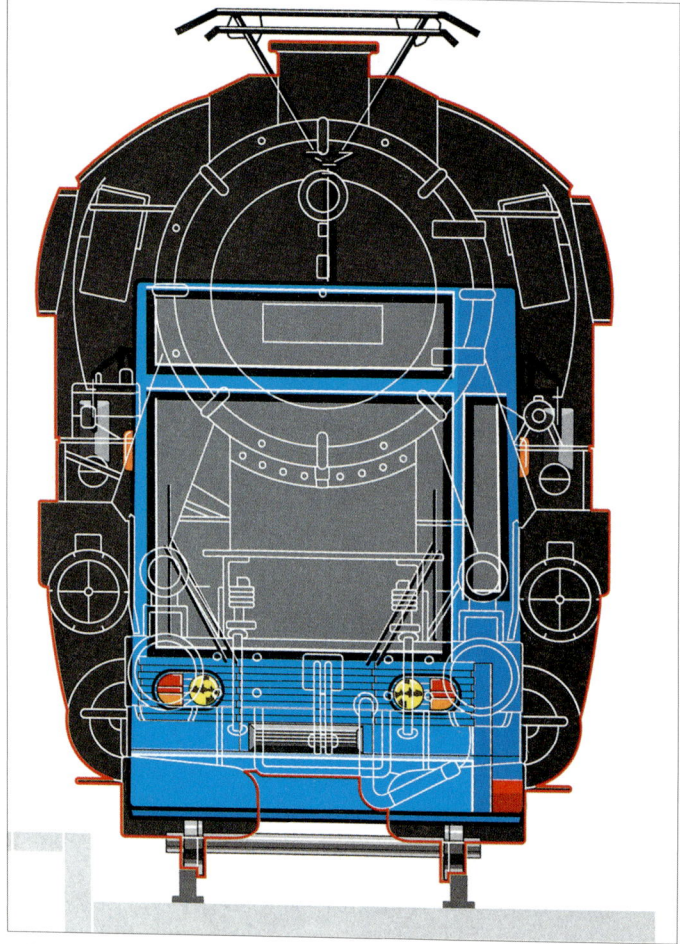

Für die Fahrgäste ergaben sich Verbesserungen durch bequemen vierstufigen Einstieg sowie großzügige Polstersitze. Das Fahrzeug ist im Baukastensystem aufgebaut, bestehend aus den gleichen Wagenteilen A und B und einem eingefügten Mittelteil C. Unter den Wagenteilen A und B ist je ein Triebdrehgestell und unter beiden Gelenken je ein Laufdrehgestell angeordnet. Auf jeder Seite sind drei Doppeltüren und eine Einzeltür eingebaut. Alle sind zur Verbesserung der Einstiegsverhältnisse mit ausfahrbaren Trittstufen versehen.

Die Rollbandanlagen für die Zielanzeige haben besonders große Sichtfelder. Zielort und Liniennummer sind nicht getrennt zu schalten.

Seit 1987 erfolgte bei diesem Typ abweichend von jahrzehntelanger Praxis eine Umstellung zu weißer Schrift auf schwarzem Untergrund. Erstmals sind hier die Fahrerarbeitsplätze durch Kabinen vom Fahrgastraum teilweise

Sehr gelungene Darstellung des gemeinsamen Verkehrs von Stadt- und Eisenbahn auf dem selben Gleis

Ansichten der Niederflurwagen ab Nummer 451. Gut zu erkennen ist (wie oben) der asymmetrische Grundriss

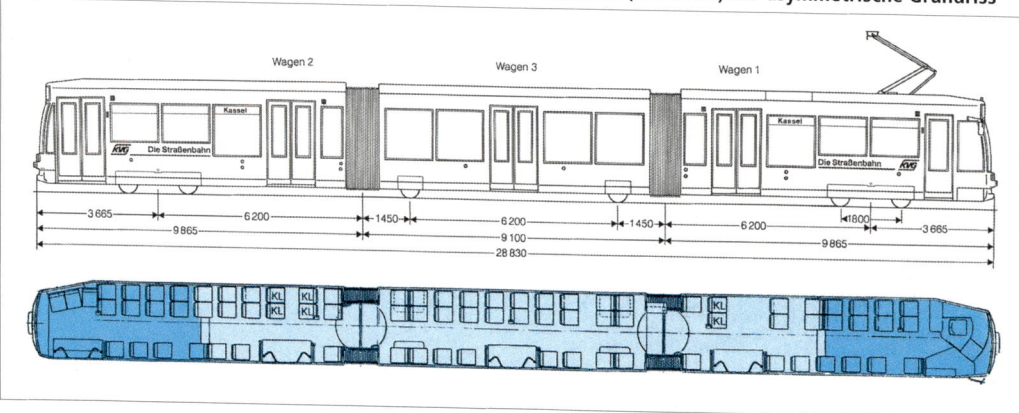

abgetrennt, was nicht von allen Fahrgästen als gut empfunden wird. Der Fahrscheinverkauf erfolgt durch ein Schiebefenster.

Die Antriebsausrüstung wurde modernisiert. Die beiden Fahrmotoren leisten je 217 kW und sind ideal für die Stromrückspeisung geeignet. Neu sind bei diesem Wagen auch die zwei Einholmstromabnehmer. Die Fahrzeuge sind ausgerüstet mit pneumatik-betätigten Sandstreuern. Das erste Fahrzeug mit der Betriebsnummer 401 wurde am 22. Januar 1981 per Bundesbahn von Düsseldorf nach Kassel gebracht und im Betriebshof Holländische Straße entladen.

Triebwagen 451 – 475

Der nächste Schritt auf dem Wege der neuen Entwicklungen war die Überlegung der Betriebsleitung, den gesamten Wagenpark neu zu planen. Damit wurde die Basis für eine neue kontinuierliche Beschaffung von Bussen und Bahnen gelegt. 1988 wurden in einem ersten Schritt 15 Niederflurstraßenbahnwagen bestellt; für weitere zehn konnte eine Option ausgehandelt werden.

Der Wagen 458 war als Vorführobjekt in Rostock

Größe und Ausstattung der neuen Fahrzeuge wurden im Hinblick auf die beabsichtigten Streckenerweiterungen im Straßenbahnbetrieb abgestimmt. Mit der Stadt gemeinsam wurde geplant, ein attraktives Nahverkehrsnetz mit

Auf dem Weg zur Endschleife im Druseltal ist der Wagen 456 auf der Linie 3 unterwegs

Einstiege und günstige Wartungs- sowie Unterhaltungskosten einkalkuliert werden. Das Fahrzeug bietet Platz für 80 sitzende Personen und hat weitere 100 Stehplätze. Der Anteil der Sitzplätze (in überwiegend Reihenbestuhlung) ist damit sehr hoch. Für Kinderwagen, Rollstühle und Fahrräder stehen ausreichend Stellflächen an besonders gekennzeichneten Türen zur Verfügung.

Die behindertenfreundliche Ausstattung setzt sich fort in gut erkennbaren Rollbandziel- und Haltestellen-Innenanzeigen, gut verständlichen digitalen Haltestellenansagen sowie besonders abgehobenen gelben Türen.

Der Fahrerarbeitsplatz wurde neu gestaltet. Die Erfahrungen und die Ansichten des Personals konnten mit berücksichtigt werden. Der Fahrscheinverkauf beim Fahrer blieb erhalten. Zusätzlich ist im Niederflurbereich allerdings ein Fahrschein-Verkaufsautomat aufgehängt. Das günstige Eigengewicht von nur 30 t und die Rückspeisefähigkeit ergeben ein wirtschaftliches Fahrzeug.

Zur Verwirklichung von bequemen Einstiegen mit einem nahezu stufenlosen Übergang von

1979: Ankunft des Wagens 111 aus Dortmund für den Probebetrieb in Kassel

Der Wagen 452, aufgenommen 1991

entsprechend modernen Fahrzeugen zu schaffen. Es gab besondere wirtschaftliche und finanzielle Forderungen, die berücksichtigt werden mussten, und bei der Fahrgastkapazität mussten ein großes Sitzplatzangebot, bequeme

Technische Hauptdaten der Wagen 451 – 475	
Fahrzeuglänge	28,80 m
Fahrzeugbreite	2,30 m
Höchstgeschwindigkeit	70 km/h
höchst zulässige Steigung	1:12,8
Sitzplätze	80
Stehplätze	100
Einstiegshöhe im Niederflurteil	35 cm
Gewicht	30 t
Motorleistung	2 x 180 kW

Kleinbus zwischen Endstation Wilhelmshöhe und Kurhaus (Brabanter Straße) als Ersatz für die stillgelegte Straßenbahnstrecke Brabanter Straße – Kurhausstraße

der Haltestelle zum Fahrzeug sind die Höhen der Haltestelleninseln gleichlaufend mit der Anschaffung der neuen Wagen auf 200 mm angehoben worden. Dadurch ist für die Fahrgäste ein abgestimmtes Niederflursystem erreicht worden. Darüber hinaus erfordern diese Fahrzeuge Endschleifen und durch die wesentlich verringerte Bodenfreiheit eine umfassende Gleispflege.

Die neuen Fahrzeuge fanden auch über Kassel hinaus großes Interesse und so waren einige dieser neuen Exemplare zur Probe in anderen Städten:

Triebwagen 454
– vom 12. März – 19. März 1991 zur Ausstellung in Magdeburg
– vom 25. Mai – 22. Juni 1994 zum Probebetrieb in Oslo

Triebwagen 458
– vom 7. Oktober – 24. Oktober 1991 zum Probebetrieb in Rostock.

Auch in den Werkstätten waren Veränderungen erforderlich. Es mussten neue Dacharbeitsbühnen geschaffen werden und Unterflurhebeanlagen. Parallel zu dem modernen Fahrzeugprogramm wurde im Baubereich ein richtungsweisendes Netzkonzept entwickelt und verwirklicht.

Die Wandlung zur Stadtbahn

Doch auch im Innenstadtbereich sind die letzten beiden Jahrzehnte des 19. Jahrhunderts progressiv verlaufen. Ein Bauobjekt, das fast in jedem Jahrzehnt einmal eine Veränderung erfährt, ist der Königsplatz in Kassel.

Schon immer war dieser Platz ein besonderer Mittelpunkt des Lebens und Handelns. Doch heute ist er eine graue Fläche ohne ersichtliches Leben und war bis zur Mitte des Jahres 2001 mit einem von den Bürgern nicht gerade beliebten Bau versehen.

Wagen 456 in der Endstelle Ihringshäuser Straße und der Wagen 305 auf dem Weg zum Kurhaus

Der Wagen 316 ist auf der Linie 2 unterwegs vor einem schönen Fachwerkhaus. Unten die Endstelle der Linie 7 in Rothenditmold mit einem Bus der Linie 27, aufgenommen am 23. Juli 1971

Der Königsplatz hat aber auch eine Straßenbahngeschichte. Die ersten Fotos über die Dampfbahn zeigen den Königsplatz um die Jahrhundertwende 1900. Auch später sind immer wieder Fotos gerade von dieser Stelle angefertigt worden.

Geprägt war der Platz eben auch von den über ihn hinweg führenden Gleisen der Straßenbahn. Neben den beiden Hauptgleisen gab es ein Abstellgleis parallel zur Hauptrichtung und ein Gleisdreieck zur Kölnischen Straße. Bei den verschiedenen Umbauten verschwand zunächst eine Schiene des Abstellgleises, später auch der Rest davon, und beim Umbau 1992 wurde auch das Gleisdreieck zur Kölnischen Straße heraus genommen.

Zum Ende des Jahres 2000 kam eine erneute Diskussion auf. Eine Gruppe interessierter Geschäftsleute erstrebte eine Königsstraße ohne Straßenbahnverkehr, um daraus eine Flaniermeile zu machen. Die Straßenbahn sollte statt dessen von der Wilhelmshöher Allee kommend über die Fünffensterstraße und den Ständeplatz zum Stern geführt werden. Die Bahnen aus der Richtung Frankfurter Straße wären nach diesen Überlegungen von der „Trompete" in Richtung Friedrichsplatz über dem Steinweg zum Altmarkt geführt worden.

Nach einer Umfrage der örtlichen Tageszeitung haben sich 85 Prozent der befragten Bürger für den Verbleib der Straßenbahn in der Königsstraße ausgesprochen. Inzwischen hat das Parlament den Beschluss gefasst: Die Straßenbahn bleibt!

Große Baumaßnahmen in der Innenstadt waren auch der Schienenaustausch am Ständeplatz 1985, am Altmarkt 1994, am Stern 1998. In allen Fällen entschied man sich für eine Radikallösung. Zu einer günstigen Verkehrszeit, zum Beispiel in den Ferien, wurde Tag und Nacht, auch besonders an den Wochenenden, gearbeitet, so dass in verhältnismäßig kurzer Zeit und mit nur kurzen Behinderungen für den Fahrgast das Ziel erreicht werden konnte.

Aufnahme von 1975 mit dem Triebwagen 268 vor dem Rathaus und dem besonders langen Vorsortiergleis

Ein Zug der Linie 1 durchfährt in den dreißiger Jahren die Obere Königsstraße in Richtung Königsplatz. Unten die gleiche Perspektive, auf dem Königsplatz selbst aufgenommen etwa 1949

Der ab 26. September 1971 gültige Linienplan
(Straßenbahn blau, Bus rot)

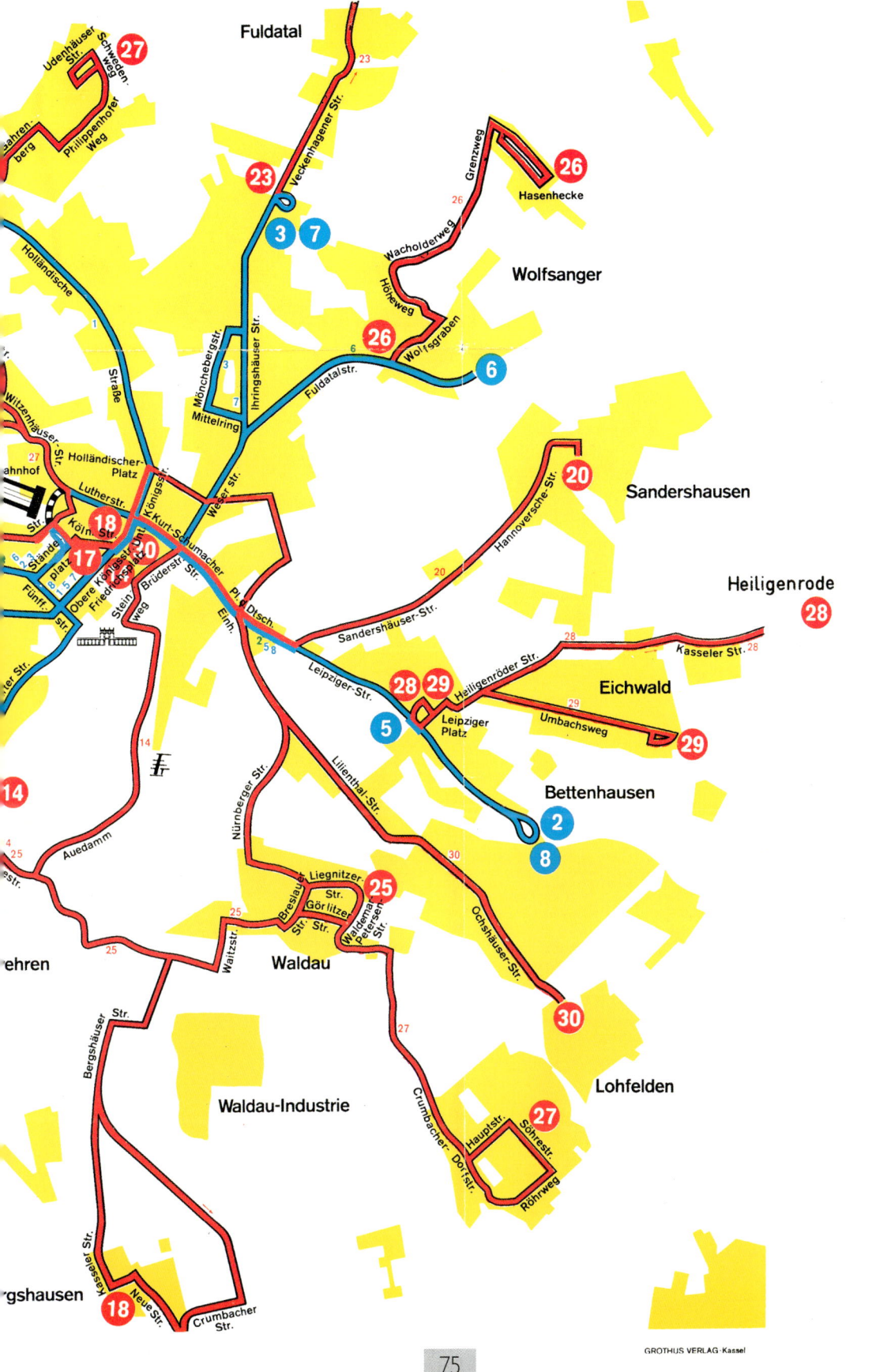

Fuldatal

27

Udenhäuser Str.
Schweden-
weg
Philippenhofer Weg
ahren berg

23

Veckerhagener Str.

3 7

26

Grenzweg
Hasenhecke

Hölländische

Wacholderweg
Hölzeweg

Wolfsanger

Mönchebergstr.
Ihringshäuser Str.
Mittelring
Straße

26
6
Fuldatalstr.
Wolfsgraben

6

20

Hannoversche Str.

Sandershausen

Witzenhäuser Str.
Holländischer-
Platz
ahnhof
Lutherstr.
Köln. Str.
Königsstr.
Weser str.

18
17 30

Ständeplatz
Obere Königsstr.
Friedrichsplatz
Bruderstr.
Stein weg
Einh.
Pl. Dtsch.

Kurt-Schumacher-Str.

20

Heiligenrode

28

Sandershäuser-Str.

Kasseler Str. 28

28
Heiligenröder Str.

Eichwald

Leipziger-Str.
28 29
Leipziger Platz

Umbachsweg
29

Bettenhausen

5
2
8

Nürnberger Str.
Lilienthal-Str.
Ochshäuser-Str.

14

Auedamm
4 25
ehren

Liegnitzer Str.
Breslauer Str.
Görlitzer Str.
25
Waldemar-Petersen-Str.

Waldau

25

30

Lohfelden

30

Bergshäuser Str.

Waldau-Industrie

Crumbacher- Dorfstr.

27

Hauptstr.
Söhrestr.
Röhrweg

27

Kasseler Str.
gshausen

18
Neue Str.
Crumbacher Str.

75

GROTHUS VERLAG·Kassel

Der Königsplatz mit der Hauptpost in einer Aufnahme aus der Zeit um 1900. Am Standort des Triebwagens ist das Ausweichgleis zu erkennen, links der Abzweig in die Kölnische Straße. Unten der Blick auf die Kreuzung der Oberen Königsstraße mit der Fünffensterstraße, aufgenommen am 15. Oktober 1975

Die Kreuzung der Unteren Königsstraße mit der Kurt-Schumacher-Straße heißt auch „Am Stern". Diesen passiert am 1. Mai 1966 ein Zug der Linie 1 nach Wilhelmshöhe, gebildet aus dem Triebwagen 254 mit Beiwagen 554

Ein besonderes Bauobjekt jener Zeit war der Umbau der Rathauskreuzung. Auch hier wurde nach dem geschilderten Verfahren gearbeitet. Eine Besonderheit war es, dass hier etwas verwirklicht werden konnte, das es so noch nicht gegeben hatte. Es handelte sich um eine zweigleisige Verbindung von der Wilhelmshöher Allee in Richtung Fünffensterstraße und umgekehrt.

Diese Neugestaltung bringt für den Betrieb Erleichterungen, da oftmals beim Ein- und Ausrücken längere Fahrtwege über den Hauptbahnhof gewählt werden mussten.

Ein anderer Nutzen ist zweifelhafter Natur. Es gibt nun die Möglichkeit, bei besonderen Veranstaltungen in der Innenstadt den Verkehr um die Königsstraße herum zu leiten, und zwar von der Wilhelmshöher Allee oder von der Friedrich-Ebert-Straße kommend über den Hauptbahnhof zum Stern.

Solches bietet sich beispielsweise beim Kasseler Heimatfest (Zissel) an. Doch leider mehren

sich die Anlässe, an denen die gesamte Straßenfläche zum Feiern benötigt und dann jedesmal eine Umleitung der Straßenbahn gewünscht wird. Für die Straßenbahnverwaltung bietet sich ein Vorteil an, weil vor diesem Ausbau im Umleitungsfall schon ab Kirchweg über die Annastraße und dann weiter wie geschildert umgeplant werden musste. Außerdem war es erforderlich, dann vom Kirchweg über die Wilhelmshöher Allee bis zum Rathaus einen Ersatzverkehr einzurichten.

Mit der Einführung der Niederflurfahrzeuge wurde es erforderlich, auch die Haltestellen den neuen Gegebenheiten anzupassen, d. h. sie so zu erhöhen, dass ein nahezu stufenloser Übergang in die Bahn oder den Bus erfolgen kann.

Mit besonderer Sorgfalt wurde 1995 ein Haltestellenprogramm aufgelegt, das flächendeckend für das Verkehrsnetz geplant war und heute im Stadtbereich zum großen Teil verwirklicht ist.

Museumsfahrzeuge: Der Wagen 110 im Betriebshof Holländische Straße, unten der Wagen 282 in Amsterdam

Der Wagen 212 überquert in Amsterdam eine Brücke und ist unten gemeinsam mit anderen im Depot zu sehen

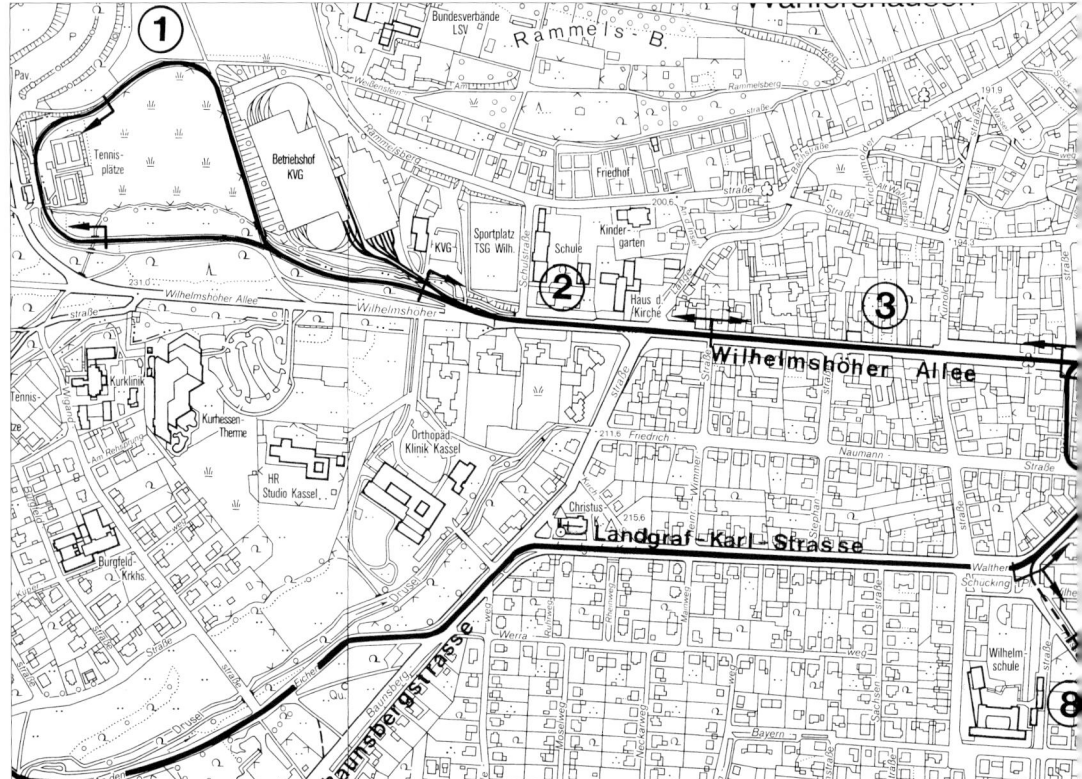

Die Veränderungen im Gleisnetz im Zusammenhang mit der Inbetriebnahme des ICE-Bahnhofes in Kassel-Wilhelmshöhe. An der Endschleife wurde auch der neue Betriebshof erbaut

Die Länge der Haltestellen wurde so bemessen, dass zwei Züge gleichzeitig halten können. Die Fahrgastpavillons sind mit mindestens drei Sitzen ausgestattet und bieten alle erforderlichen Informationen. An vielen Haltestellen sind Stützen zum Anlehnen für die Fahrgäste gebaut. Zum Schutz der Busse, die oft gemeinsam mit den Straßenbahnen halten, wurde ein Formstein „Kasseler Sonderboard" geschaffen. Dieser sorgt dafür, dass die Reifen der Busse geschont werden.

Eine weitere Neuerung der neunziger Jahre war der Bau von so genannten Kapphaltestellen. 1994 begann es an der Wiegandstraße mit Fortsetzung Richtung Druseltal und 1998 geschah das selbe an der Haltestelle Kunoldstraße in der Wilhelmshöher Allee. Hierbei werden die Bürgersteige zur Schiene herangebaut, und die Autos, die normalerweise eine

Fahrspur neben der Straßenbahn haben, müssen vor der Kapphaltestelle bei Annäherung der Bahn stoppen. Nur wenn kein Schienenfahrzeug kommt, kann der normale Straßenverkehr auf die Gleise der Haltestelle ausweichen und weiter laufen.

In die achtziger Jahre fällt ebenfalls der Bau des neuen Betriebshofes Wilhelmshöhe, der in einem besonderen Kapitel behandelt wird. Gleichzeitig entsteht der erste PR-Platz (Park und Ride) an der Endstation Ihringshäuser Straße. Heute wird bei jedem neuen Streckenabschnitt an den Knotenpunkten ein solcher Platz eingeplant. Alle bis hier geschilderten Bauleistungen dieses Jahrzehnts betrafen nur den Bereich des bestehenden Netzes.

Die erste größere Baumaßnahme, die sich über mehrere Jahre erstreckte, war das Gebiet um den Bahnhof Wilhelmshöhe. Nachdem die Ent-

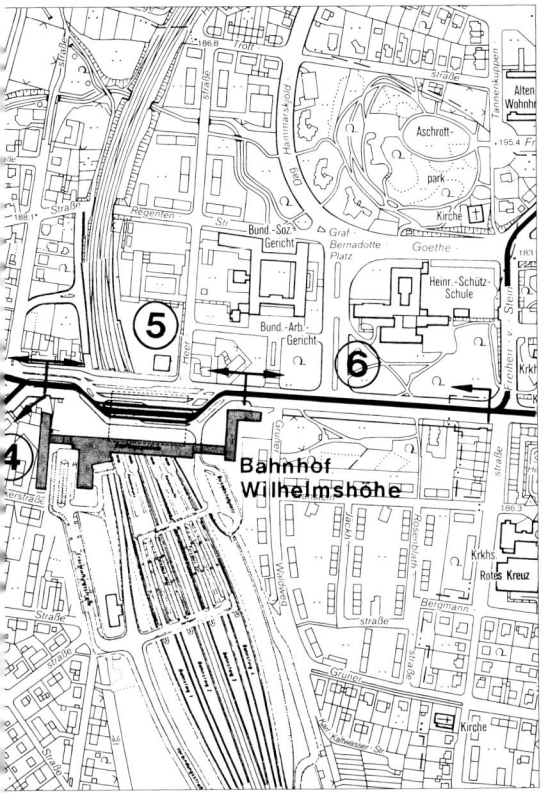

Im selben Jahr war es ebenfalls endlich so weit, die gefährlichste Endstation Kassels, die gleichzeitig die schönste ist, nämlich das Druseltal, umgestaltet einzuweihen. (An anderer Stelle dieses Buches wird auf die zwei dort geschehenen Unfälle hin gewiesen, von denen einer auch Todesopfer forderte.)

Heute ist eine moderne, großzügige Schleife vorhanden, die alle Erfordernisse des Straßen- und Schienenverkehrs erfüllt und die Anschlussmöglichkeit an Busse berücksichtigt. Sichere Überwege für die ca. 800 Bewohner des Seniorenheimes sind nun vorhanden.

Für Kassel erstmalig wurde ein etwa 100 m langer Abschnitt als Gleisverschlingung gebaut. Mit dieser Baumaßnahme wurde eine moderne Endschleife geschaffen, was für die Niederflurfahrzeuge von besonderer Bedeutung ist. Die aufgeführten Baumaßnahmen waren ein großer Fortschritt gegenüber den lähmenden Zeiten davor.

„Bahnsteigkanten"-Steine, für Busse und Niederflurbahnen gleichermaßen gut geeignet

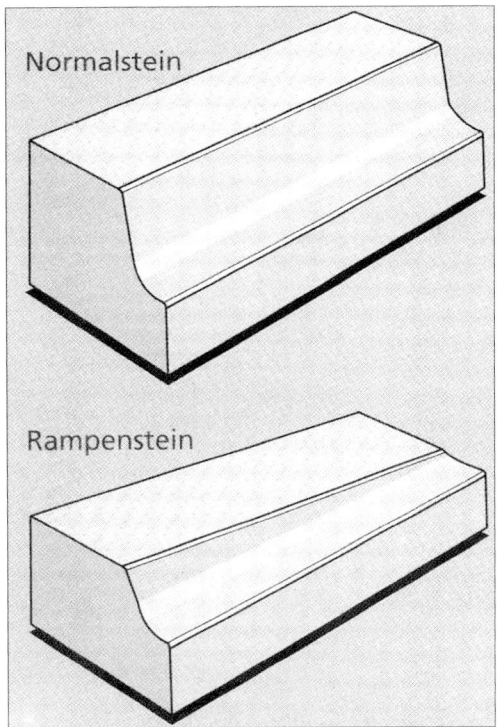

scheidung gefallen war, dass ein neuer moderner Fernbahnhof gebaut werden sollte, hatte dies auch Auswirkungen auf den innerstädtischen Anschlussverkehr. Bereits damals wurde eingeplant, dass durch die beabsichtigte Neubaustrecke über Helleböhn nach Baunatal ein zusätzlicher Fahrgaststrom hier her führen würde. Die Bahnsteige für Bus und Bahn wurden möglichst dicht an den Bahnhof herangelegt, um die Wege für die Reisenden zu verkürzen. Der Straßenverkehr verläuft weiterhin geradeaus auf der Wilhelmshöher Allee, und für die Bahnfahrer wurde die Haltestellenanlage unter einem großen Dach geplant. Bahnen und Busse biegen von der Hauptstraße ab unter dieses Dach; der Autoverkehr muss, durch Signalanlagen geregelt, der Straßenbahn den Vortritt in die Bahnhofsnähe erlauben. 1991 konnte der neue Bahnhof Wilhelmshöhe und gleichzeitig der Nahverkehrsknotenpunkt eingeweiht werden.

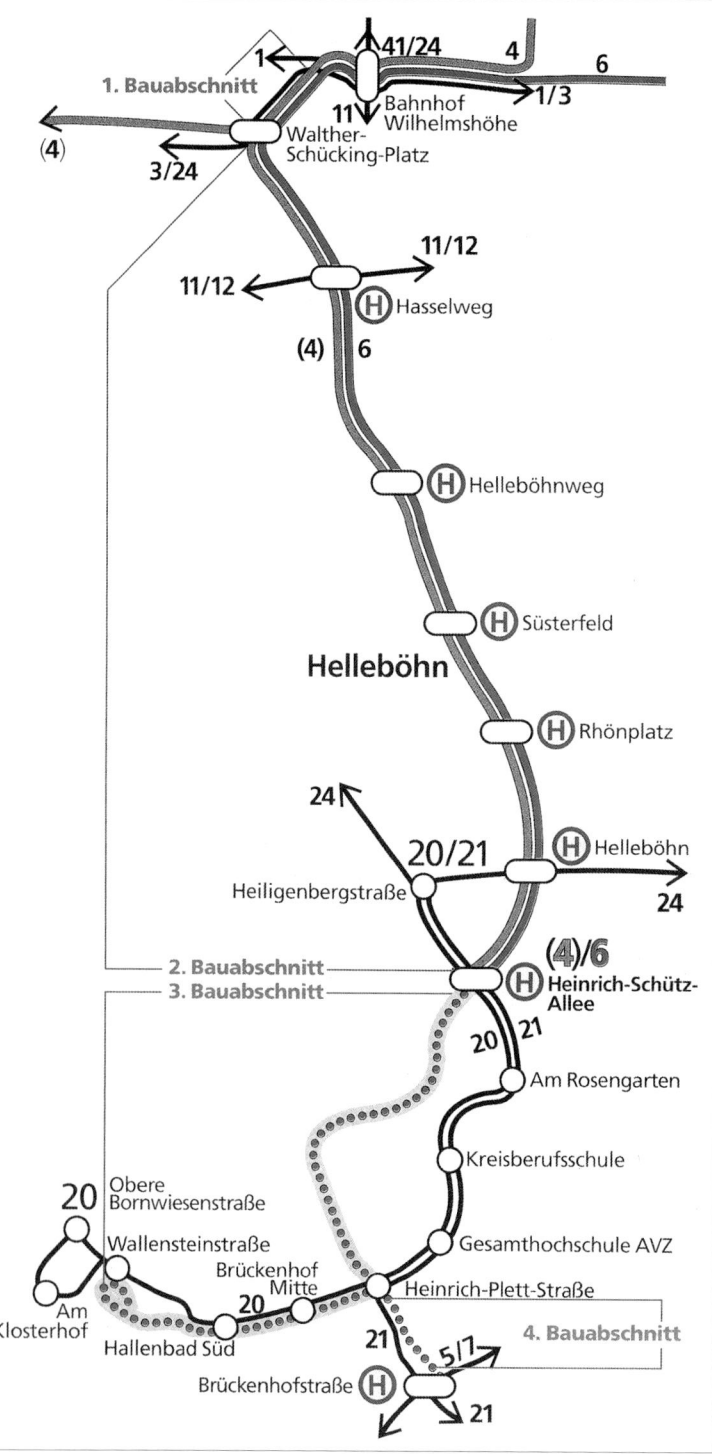

1. Bauabschnitt

41/24 4 6

Bahnhof
Wilhelmshöhe
1/3

Walther-
Schücking-Platz

(4)
3/24

11/12

11/12

(H) Hasselweg

(4) 6

(H) Helleböhnweg

(H) Süsterfeld

Helleböhn

(H) Rhönplatz

24

20/21

(H) Helleböhn

Heiligenbergstraße

24

2. Bauabschnitt
3. Bauabschnitt

(4)/6

(H) Heinrich-Schütz-
Allee

20 21

Am Rosengarten

Kreisberufsschule

20 Obere
Bornwiesenstraße

Wallensteinstraße

Brückenhof
Mitte

Gesamthochschule AVZ

Heinrich-Plett-Straße

20

Am
Klosterhof

Hallenbad Süd

21

5/7

4. Bauabschnitt

Brückenhofstraße (H)

21

Der Bau der Helleböhn-Strecke verzögerte sich erheblich

Doch die größten Leistungen stellen die Neubaustrecken dar. Es handelt sich zum Beispiel um die Helleböhn-Strecke von der Abzweigung Walter-Schücking-Platz in Richtung Oberzwehren-Mitte. Es war geplant, diese Strecke in einem Guss zu bauen, doch stellten sich vielerlei Erschwernisse ein. An erster Stelle waren es planungsrechtliche Probleme, die von Anwohnern vorgebracht wurden. Das Kostenproblem trat auf, da im Verlauf der Strecke zwei Brückenbauwerke erstellt werden mussten. Schließlich wurde in vier Abschnitten gebaut, und die Abschnitte 1 und 2 vom Walter-Schücking-Platz zur Heinrich-Schütz-Allee konnten 1992 eingeweiht werden. Zunächst war daran gedacht, einen Abzweig nach Nordshausen zu verlegen. Davon wurde später Abstand genommen.

1994 wurde mit dem 3. Bauabschnitt begonnen, und der Anschluss an die Strecke nach Baunatal über Oberzwehren-Mitte konnte 1998 in Betrieb genommen werden. Damit ist den Bürgern aus Oberzwehren und kurze Zeit später auch jenen von Baunatal die Möglichkeit gegeben, direkt entweder über die Frankfurter Straße zur Kasseler Innenstadt oder direkt zum Bahnhof Wilhelmshöhe zu fahren. Auf den genannten Strecken hat die Straßenbahn einen eigenen Gleiskörper, oft ausgebaut als Rasengleis.

Schaut man auch zufrieden auf dieses Werk, so muss doch einmal darauf hingewiesen werden, dass es heute auf Grund der Einspruchsmöglichkeiten von verschiedenen Seiten sehr lange dauern kann, bis etwas Großes zu verwirklichen ist. Das war so bei der Endstation Druseltal und auch auf der Helleböhn-Strecke. In der Folge soll einmal gezeigt werden, in welchen Zeiträumen oftmals geplant werden muss:

1974

Diskussion in der Stadtverordnetenversammlung und formaler Beschluss zum Bau einer Strecke von Wilhelmshöhe nach Nordshausen

1983

steht in einer wissenschaftlichen Arbeit: „Aus betriebswirtschaftlicher Sicht wegen der erheblichen Verbesserung des Verkehrsangebotes müsste die Strecke sofort gebaut werden"

1985

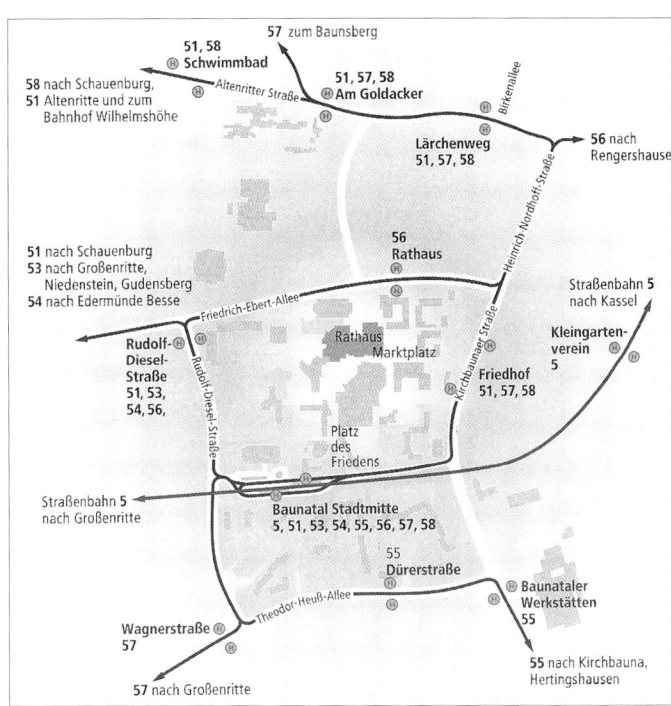

Das Zentrum von Baunatal mit der neuen Linie 5 und Buslinien (Stand 1995)

wird darüber diskutiert, wer eine solche Strecke betreiben solle: die KVG oder die KNE (Kassel-Naumburger-Eisenbahn). Eine Entscheidung wird getroffen für die KVG

1988

Bürger machen mobil gegen die neue Strecke. Wie immer sind die Argumente gleich: Das Rattern der Bahnen sei zu laut, das Bremsen bergab zu geräuschvoll, der Schienenverkehr bremst an Kreuzungen den Autoverkehr, die Bahnen machen die Dönche kaputt

1989

Einleitung des Planfeststellungsverfahrens; Bürgerversammlung in Helleböhn und Erörterungstermin beim Regierungspräsidenten

1990

Die Stadtverordnetenversammlung beschließt den Bau

1991

Am 5. September erfolgt der Planfeststellungsverfahrensbeschluss des Regierungspräsidenten; am 20. September erfolgt der erste Spatenstich

1992

Am 26. April erheben Anwohner Einspruch, am 21. Mai erfolgt Baustopp auf Grund der Anwohnerklage. Im Juni des selben Jahres Rückzug der Klage.

Solches könnte auch bei anderen großen Baumaßnahmen aufgelistet werden.

Fast zur selben Zeit im selben Jahrzehnt wurde in Kassel ein neues großes Bauwerk für den städtischen Nahverkehr geplant und gebaut, nämlich die Strecke nach Baunatal bis zum Stadtteil Großenritte. Seit 1940 endete die Straßenbahn von der Innenstadt Kassels in den Süden in Niederzwehren und durch die Verlängerung 1941 in Baunatal. Diese Endstation lag direkt vor dem Betriebsgelände der damaligen Flugmotorenfabrik. Von Mattenberg aus ging es im Bogen durch freies Gelände bis an den Fuß der Fabrikanlage.

Nun, in den neunziger Jahren des letzten Jahrhunderts, wurde nicht mehr für die Kriegsproduktion geplant, sondern für die Bevölkerung. Baunatal war im Rahmen der Gebietsreform aus der Kerngemeinde Altenbauna und den Randgemeinden entstanden und zur Stadt erhoben worden. Aus der ehemaligen Rüstungsfabrik war ein namhaftes Automobilwerk geworden.

Die Stadt wuchs entsprechend, und es wurde der Wunsch laut, eine gute Verbindung zur Großstadt Kassel zu schaffen.

Der Abzweig vom Mattenberg zu dieser im Felde liegenden Endstation wurde kaum noch benutzt, da die Beschäftigten des Werkes selbstverständlich mit ihrem eigenen Produkt zur Arbeit fuhren. So plante man sozusagen am Werk vorbei in das Stadtgebiet von Baunatal eine neue Strecke. Wieder ging es in kleinen Bauabschnitten voran:

1991 am 2. November bis zur Waldmannstraße

1994 am 28. Mai bis zur Porschestraße (heute Haltestelle VW-Werk)

1995 am 22. Mai bis Baunatal-Großenritte.

Ab Porschestraße fährt die Straßenbahn auf den Gleisen der KNE. An den Haltestellen mussten besondere Schienenverzweigungen angelegt werden. Der Grund dafür war, dass die Ausstiege von Eisenbahn und Straßenbahn verschiedene Abstände zum Bahnsteig verlangen und die Strecke bis Naumburg sonntags im Ausflugsverkehr vom „Hessenkurier" befahren wird.

Der Optimismus der Planer wurde überreichlich belohnt. Die Fahrgastzahlen auf der neuen Strecke stiegen von Anfang an kontinuierlich und halten sich bis heute konstant. Grundlage des Fahrplanes war der Leistungs- und Finanzierungsvertrag aus dem Jahre 1990, der ein konkretes Fahrplanangebot festlegte.

Besonders in den Morgen- und Abendstunden sowie am späten Nachmittag reichte die Kapazität im 15-Minuten-Takt nicht aus und es mussten E-Wagen eingesetzt werden.

Der Hessentag 1999 verstärkte die Nachfrage natürlich sehr. Zu diesem Ereignis und für die Folgezeit wurde eine zweite Linie nach Baunatal von der Holländischen Straße aus über den Bahnhof Wilhelmshöhe eingerichtet. Die Verdichtung der Zugfolge machte es überdies erforderlich, ein Teilstück der Strecke noch zweigleisig auszubauen. Es musste ein Stück des Kleingartengeländes hierfür geopfert werden.

Zu einem modernen Verkehrsbetrieb gehören intakte Funkverbindungen zwischen Leitstelle und Fahrzeugen. Für die erweiterten Verkehrsangebote in Kassel musste auch hier eine verbesserte Leitstelle in einer neuen Unterbringung geschaffen werden.

Nach Inbetriebnahme der neuen Betriebsleitstelle sind viele Verbesserungen im Funkverkehr zu den Fahrzeugen eingetreten. In heutiger Zeit erscheint uns diese Einrichtung selbstverständlich, doch in Bezug auf Kassel soll noch einmal daran erinnert werden, dass es auch ein Fortschritt war, als 1930 erstmalig eine betriebseigene Telefonverbindung von der damaligen Bahnhofsverwaltung zu einigen Außenposten (Altmarkt, Bebelplatz u.a.) geschaffen wurde.

Ebenfalls als technischer Fortschritt konnte 1942 angesehen werden, dass der Wagen 224 erstmalig für Kassel eine Mikrofonanlage erhielt zur Durchsage der Haltestellen durch den Fahrer.

Alle großen Bauobjekte von Mitte der achtziger Jahre bis zum Ende des Jahrhunderts waren nur mit großem Kostenaufwand zu ermöglichen. Einige Beispiele zeigt die nebenstehende Tabelle.

Am Ende des Jahrhunderts und gleichzeitig Beginn des neuen Jahrtausends sieht die Straßenbahn in Kassel in gute Zeiten. Man hat sich für neue moderne Fahrzeugtypen ent-

Kosten von Investitionsvorhaben		
Jahre	**Baumaßnahme**	**Kosten in DM**
1988 – 1991	Bahnhofszufahrt	28,0 Mio
1988	Erneuerung der Schleife in Wilhelmshöhe	1,5 Mio
1990	Umbau Altmarkt	4,2 Mio
1991	Umbau Königsplatz	7,0 Mio
1992	Schleife Druseltal	9,0 Mio
1990 – 1994	Helleböhn-Strecke	59,0 Mio
1994	Haltestelle Wiegandstraße	1,0 Mio
1995 – 1999	Haltestellenprogramm	4,3 Mio
1996	Rathauskreuzung	11,6 Mio

Am 9. Juli 1977 fährt der historische Wagen 144 auf der Wilhelmshöher Allee. Ein Jahr später wird er die ursprüngliche Lackierung in sattem Gelb mit Kasseler Stadtwappen auf den Seitenwänden wieder erhalten

schieden, und es wurden bis zu diesem Zeitpunkt alle Voraussetzungen geschaffen, um mit den modernen Niederflurfahrzeugen neue Fahrgäste zu gewinnen.

Historische Fahrzeuge in Kassel und in Museen

Kassel ist glücklich, Vorreiter bei den modernen Niederflurfahrzeugen gewesen zu sein. Für einen Freund des Straßenbahnwesens ist es gleichermaßen zu begrüßen, dass in Kassel noch eine Reihe von Oldtimerfahrzeugen erhalten geblieben ist. Andere Städte haben radikal alles verschrottet oder besitzen nur noch ein oder zwei Wagen. In Kassel jedoch kann man auf acht Fahrzeuge verweisen.
Die Wagen 110 und 144 dienen dem Oldtimerverkehr an Wochenenden im Sommerhalbjahr.

Ebenso können die Wagen 214 und 228 eingesetzt werden, wenn private Kunden stundenweise das Fahrzeug mieten. Darüber hinaus ist Wagen 214 ein gern benutztes Abschleppfahrzeug bei Unfällen. Wagen 273 wurde zur „do-

Historische Straßenbahnfahrzeuge in Kassel	
Triebwagen	**Baujahr**
110	1907
144	1909
214	1936
228	1940
273	1956/57
Beiwagen	
8	1900
655	1909
521	1940 (ex 545)

Auf einem Campingplatz in Zierenberg fand der Wagen 360 sein zu Hause

cumenta VIII" künstlerisch umgestaltet und steht jetzt ohne den künstlerischen Schmuck im Betriebshof Holländische Straße.

Wagen 8 war einmal Triebwagen Nummer 80, Baujahr 1900, gilt jedoch heute nach dem Umbau als Pferdebahnwagen. Der Beiwagen 521 ist ebenfalls ein historisches Fahrzeug.

Kassel kann aber auch stolz darauf sein, seine Fahrzeuge noch an anderen Stellen erhalten zu wissen, so die Kasseler Wagen im Hannoverschen Straßenbahnmuseum (Wehmingen): 722 (ex 14), 614 (ex 75), 723 (ex 116), 522 (ex 546), 223, 501 (ex 514), 216, 100 (ex 120, Fahrschulwagen).

Das Museum in Wehmingen vermietete den Wagen 223 als Filmkulisse für einen Film über den Aufstand während des Krieges in Warschau.

Kasseler Straßenbahnen im Straßenbahnmuseum Amsterdam sind die Wagen: 218, 224, 305, 212, 269, 310, 282, 303, 511 ex 535 (Beiwagen). Für die Dauer eines Jahres war der Wagen 218 mit Beiwagen an das Freilichtmuseum in Arnheim vermietet worden und dort in dem weiträumigen Museumsgelände im Einsatz. Zählt man alle Fahrzeuge zusammen, so sind es mehr als 20, die an Orte außerhalb Kassels gegangen sind und die dort noch für absehbare Zeit zu sehen sein werden.

Hierbei sind nicht mitgezählt die bei Versteigerungen im Jahre 1981 in Privathand gekommenen Fahrzeuge. Man muss in diesem Zusammenhang davon ausgehen, dass sie nach verhältnismäßig kurzer Zeit ihr „Leben" beendet haben. Es ist so gut wie unmöglich, eine Erlaubnis zu erhalten, in seinem Hausgarten oder anderswo ein solches Gefährt aufzustellen. Ein Caféhausbesitzer, ein Tankstellenbesitzer und ein Campingfreund haben dies schmerzlich erleben müssen.

Als exotisch muss angesehen werden, dass ein Gastwirt einen Wagen aus den dreißiger Jahren kaufte, das Fahrgestell abbaute und durch ein gummibereiftes Untergestell ersetzte. Er baute eine kleine Theke ein und fuhr mit diesem Fahrzeug zu Festlichkeiten in die nähere Umgebung. Doch auch dies dauerte nicht lange.

Der Wagen 218 während des Abladens in Amsterdam am 27. August 1981. Unten fast ein Kasseler „Heimspiel": Am 25. Dezember 1984 begegnen sich die Wagen 218 und 224 auf der Museumsstrecke in Amsterdam

Der Wagen 56, beschildert als Fahrzeug der Linie 3 Germaniastraße – Bettenhausen

Noch zwei positive Ereignisse sind aus dem letzten Jahrzehnt des 20. Jahrhunderts zu berichten: In den sechziger Jahren kaufte ein Betriebsangehöriger bei einer Versteigerung den Beiwagen 655, Baujahr 1909, und stellte ihn in seinem Garten in einem Dorf nördlich von Kassel auf. Das Fahrzeug wurde nun einem anderen Zweck zugeführt. Der Besitzer baute es zu einem Bienenhaus um und veränderte das Innere nur wenig.

Ohne die Zukunft vorher ahnen zu können, schützte er diesen Beiwagen durch ein Überdach. Bei den Recherche-Arbeiten der Straßenbahnfreunde in Kassel erinnerte man sich auch an dieses Fahrzeug. Der Besitzer, der im Ruhestand lebt, ist ein Verkehrsfreund und stellte den Wagen zur Wiederaufbereitung zur Verfügung.

Mancherlei Verhandlungen waren erforderlich, um die finanzielle Situation zu meistern. So musste zum Beispiel ein Kranwagen beschafft werden, um das Fahrzeug auf einem Tieflader in die Werkstatt zu fahren. Heute ist dieser Beiwagen ein Schmuckstück und der alten Zeit originalgetreu nachgebaut.

Campingplätze waren oft das Ziel von alten Straßenbahnwagen. Wie geschildert gab es auch große oder kleine Schwierigkeiten, und mancher konnte seinen Traum nicht verwirklichen. Ein Camper nördlich von Kassel stellte mit Genehmigung der zuständigen Behörden auf einem Campingplatz den Wagen 360 auf, sauber geordnet auf einem Gleisstück, und das Innere wurde zu einem Gemeinschaftsraum umgestaltet. Es handelt sich um einen engagierten Betriebsangehörigen, der auf diese

1915 wurde der Wagen 61 im Einsatz auf der Linie 9 aufgenommen. Zusätzlich zur arabischen Ziffer 9 trägt der Wagen davor immer noch die bis 1911 allein gebräuchliche Linien-Farbscheibe, in diesem Fall eine blaue

Weise wieder einen Wagen aus dem Baujahr 1971 gerettet hat.

Linien im Wandel der Zeiten

Alle Bemühungen der KVG im letzten Jahrzehnt zielten darauf ab, die Angebote für alle Bevölkerungsgruppen zu verbessern, um sie wieder der Straßenbahn zurück zu führen. Die örtlichen Gegebenheiten müssen bei der Linienführung beachtet werden. Wie sehr Veränderungen im allgemeinen Leben auch das Liniennetz beeinflussen können, kann man in Kassel am Beispiel Bettenhausen beweisen.

Einst eine viel befahrene Strecke der Straßenbahn mit ständig drei Linien, war sie bis zur Erweiterung der Straßenbahn ins Lossetal nur noch vermindert befahren worden. Vor dem Krieg gab es in Bettenhausen große Industrieansiedlungen. Dementsprechend waren dort viele Menschen beschäftigt. Heute sind die großen Arbeitgeber an dieser Stelle nicht mehr vorhanden. Dagegen wurden an Stadtgebiete Siedlungen angeschlossen und Stadterweiterungen vorgenommen, so dass dort Angebot und Nachfrage gestiegen sind. Als Beispiele sollen hier die Wohngebiete Eisenschmiede, Ihringshäuser Straße und Hasenhecke angeführt werden.

Die Linienführung in Kassel war immer konzentriert auf die Innenstadt mit Hauptbahnhof und Königsstraße. In neuerer Zeit wirken sich auch Lebensgewohnheiten allgemeiner Art auf die Benutzung der Straßenbahn aus. Vor dem 2. Weltkrieg musste an Sonntagen ein verstärkter Wageneinsatz in den Westteil der Stadt ein-

Der Wagen 105 mit dem Beiwagen 601 im Betriebshof Wilhelmshöhe. Dieser Triebwagen verunglückte später im Druseltal

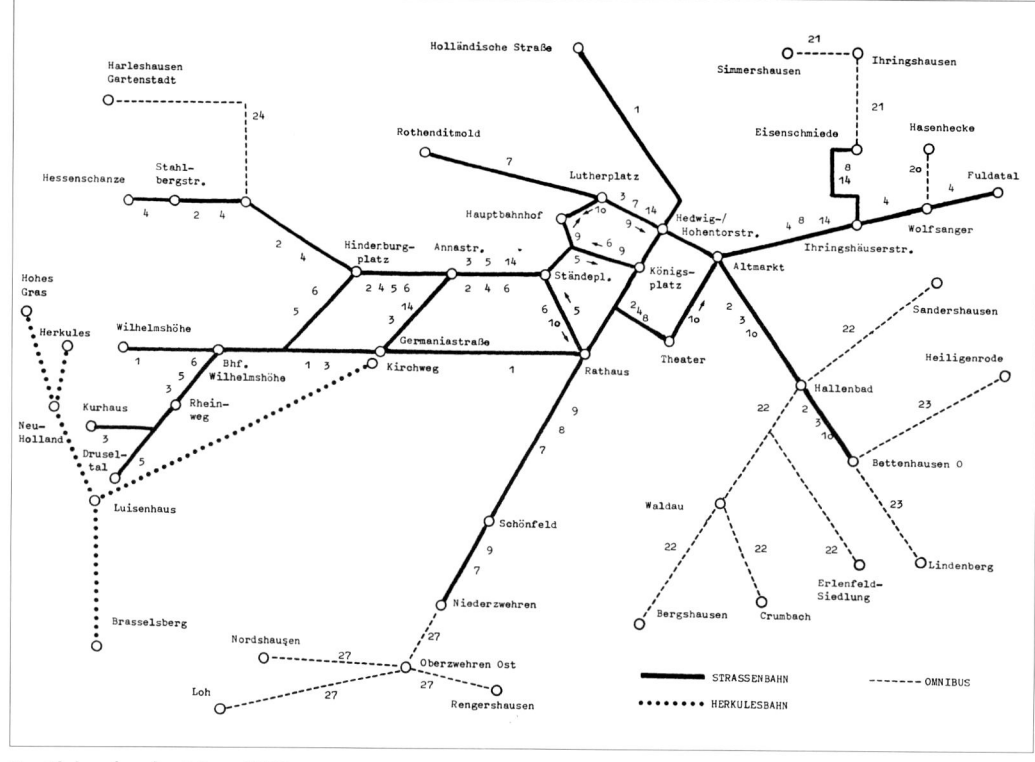

Der Linienplan des Jahres 1939

geplant werden, heute ist der Sonntagsverkehr der Straßenbahn sehr ausgedünnt. Die geographischen Gegebenheiten mit den vielen Steigungen in der Stadt hatten auch zur Folge, dass in Kassel die Straßenbahn niemals mit zwei Beiwagen fuhr.

Die Straßenbahnlinien sind mit arabischen Ziffern benannt. In den ersten Jahren trugen die Linien keine Ziffern, sondern Farbsymbole. So waren bis 1911 die:

Linie 1 – weiß,

Linie 2 – gelb,

Linie 3 – rot

Linie 4 – weiß-grün,

Linie 5 – weiß-rot,

Linie 6 – grün-rot,

Linie 7 – grün und

Linie 9 – blau.

Die Taktfolge im Kasseler Straßenbahnverkehr war mit ganz kurzer Ausnahme im Jahr 1962 ein 15-Minuten-Rhythmus, selbstverständlich

am Abend und zu anderen schwachen Verkehrszeiten verlängert. Als Beispiel sollen zwei Linienpläne zur Erläuterung dienen.

Linienplan 1936:

Linie 1	Wilhelmshöhe – Holländische Straße
Linie 2	Teichstraße – Bettenhausen
Linie 3	Kurhaus über Kirchweg und Hauptbahnhof nach Bettenhausen
Linie 4	Hessenschanze – Fuldatal
Linie 5	Druseltal – Königsplatz
Linie 6	Rheinweg – Königsplatz
Linie 7	Niederzwehren – Rothenditmold
Linie 8	Schönfeld – Weserspitze (Eisenschmiede)
Linie 9	Niederzwehren – Hauptbahnhof
Linie 10	Bahnhof Bettenhausen – Hauptbahnhof
Linie 14	Germaniastraße – Eisenschmiede

Die Linie 1 machte in der Taktfolge eine Ausnahme und fuhr im 10-Minuten-Rhythmus bis Wilhelmshöhe und im 5-Minuten-Rhythmus bis Bahnhof Wilhelmshöhe (Rolandstraße). Außerdem wurden in jenen Jahren, weil man bestrebt war, das Platzangebot nur soweit aufrecht zu erhalten, wie es benötigt wurde, Beiwagen oft vor der Endstation umgehängt, zum Beispiel in der Holländischen Straße oder in Wolfsanger. Sie wurden auch oft in den Zeiten zwischen 8.00 und 12.00 Uhr abgehängt und rückten dann wieder aus. Alles zielte darauf ab, Personal und Kosten zu sparen.

So war auch die Linie 8 in den Schwachzeiten bis zur Weserspitze in Betrieb und nur in den Hauptverkehrszeiten bis zur Eisenschmiede.

Die Endstation in Wolfsanger, die einst Fuldatal hieß, musste nach der Gebietsreform in Wolfsanger geändert werden, weil durch die Ortszusammenschlüsse, wie z.B. Ihringshausen mit Simmershausen, ein neuer Ort mit dem Namen Fuldatal entstanden war. Die Linie 2, die hier noch bis zur Teichstraße ausgewiesen ist, fuhr Ende der dreißiger Jahre bereits mit Beiwagen bis zur Stahlbergstraße.

Die Linien 5 und 6 hatten eine gemeinsame Fahrstrecke zur Innenstadt. Am Ständeplatz jedoch trennten sich die Fahrwege. Die Linie 5 fuhr über Ständeplatz und Kölnische Straße zum Königsplatz, die Linie 6 ab Ständeplatz über Haltestelle Rathaus zum Königsplatz.

Beide fuhren dann in umgekehrter Richtung über Friedrich-Ebert-Straße – Stadthalle in Richtung Druseltal.

Die Linien 6, 8, 10 und 14 hatten grundsätzlich keine Beiwagen. Erst Anfang der vierziger Jahre erhielt die Linie 14 Beiwagen, und es war erforderlich, hierfür

Der Wagen 113, eingeteilt zum Dienst auf der Linie 2. Der Fahrer ist mit dicker Mütze und Handschuhen ausgestattet

Wagen 68, nun schon ausgestattet mit Windschutzvorbau und Umhängegittern. Unten der Arbeitswagen 711

1938 ist der Triebwagen 20 mit dem Beiwagen 507 auf der Linie 1 zur Endstelle Holländische Straße unterwegs

Kasseler Verkehrs-Gesellschaft A.G.
Abteilung Straßenbahn

Dienst-Fahrplan

Mai 1942

Neudruck Mai 1943

Maßgebend für die Fahrzeiten ist die
Uhr auf dem Betriebsbahnhofe
Wilhelmshöhe

Für Vorbereitung und Abschlußdienst
sind 15 Minuten in den Dienst
einberechnet.

2000. V. 43. K/0734

Fahrzeiten. Linie 5

Minuten			Minuten
0	12	Königsplatz	25 11
12	4	Stadthalle	14
16	10	Reichsbhf. Wilhelmsh.	4 10
26		Druseltal	10 0

Höchst zulässige Geschwindigkeiten in der Stunde.

km
1. Zwischen Druseltal — Brabanterstraße . . . 20
2. Zwischen Brabanterstr. — Friedr. Wilh.-Platz 30
3. Zwischen Friedr. Wilh.-Platz — Königsplatz 20
4. Zwischen Königsplatz — Rathaus 25
5. Zwischen Rathaus — Ständeplatz 20

Fahrzeiten. Linie 6

Minuten			Minuten
0	11	Königsplatz	26 12
11	4	Stadthalle	14
15	10	Reichsbhf. Wilhelmsh.	4 10
25		Druseltal	10 0

Höchst zulässige Geschwindigkeiten in der Stunde.

km
1. Zwischen Druseltal — Brabanterstraße . . 20
2. Zwischen Brabanterstraße — Ständeplatz . . 30
3. Zwischen Ständeplatz — Rathaus 20
4. Zwischen Rathaus — Königsplatz 25
5. Zwischen Königsplatz — Friedrich-Wilhelms-Platz 20
6. Zwischen Friedrich-Wilhelms-Platz—
   Ständeplatz 30

14

Der Dienstfahrplan von 1942, neu gedruckt 1943, und eine Seite daraus mit Informationen für die Fahrer

Diensteinteilung für Triebwg. Li. 4 ab bi werktags. gültig ab Sonntag, den 24.11.40.

Tag	Li	von	bis	Zug	Li	von	bis	Zug
1	14	12.35	16.35	IV	4	18.47	23.25bi	I
2	6	11.34	15.14	III	14	18.20	23.22bi	III
3	14	10.20	14.20	III	14	16.35	23.37bi	IV
4	8	10.14	13.14	I	4	15.32	23.25bi	VI
5	4	9.32	15.32	VI	4	19.02	23.30bi	II
6	8	10.29	14.29	II	5	16.35	20.45s1	II
7	4	bi 5.38	12.02	IV				
8			frei					
9	14	bi 6.25	12.35	IV	6	15.19	21.16bi	I
10	14	bi 6.10	10.20	III	2	14.25	20.40bi	II
11	5	bi 5.57	9.19	XI	8	13.12	20.20bz	III
12	2	bi 5.55	12.27	IV	14	14.20	18.20	II
13	4	bi 5.23	12.47	I	E3	16.00	19.30	E
14	4	bi 6.08	9.32	VI	4	12.47	18.47	I
15	8	bz 6.02	13.12	III				
16			frei					

Abl. ung am kw. bezw. ur, Li. 8 am ra.
Personale der Aussenbahnhöfe sind an ka abzulösen.

Dienstplan für Kasseler Straßenbahnpersonale vom November 1940. Die Schichten umfassen einen Vormittags- und einen Nachmittags- bzw. Abendabschnitt, nach sieben Tagen Dienst gibt es einen freien Tag

1955 zur Bundesgartenschau lief der Gelenkwagen-Erstling 260 als Einsatzzug

9-Fahrten-Schein von 1960 für 2 Mark

einen fünften Beiwagen als Standwagen an der Endstation Eisenschmiede einzuplanen.

Im Gegensatz zu diesen Sparmaßnahmen war man aber auch bereit, zusätzlich Fahrzeuge an schönen Sonntagen in Richtung Wilhelmshöhe (Linie 14) oder Druseltal (Linie 6) weiter zu führen. Hierbei war es zum Beispiel erforder-

lich, die Beiwagen der Linie 5 und der Linie 6 im Druseltal zu wechseln.

Die vielen Notfahrpläne aus der Zeit des 2. Weltkrieges und unmittelbar danach können hier nicht aufgeführt werden. Der Linienplan des Jahres 1957 sah folgendermaßen aus:

Straßenbahn

Linie 1	Wilhelmshöhe – Holländische Straße
Linie 11	Holländische Straße – Bahnhof Wilhelmshöhe (Rolandstraße).
Linie 2	Hessenschanze – Lindenberg
Linie 3	Druseltal – Ihringshäuser Straße
Linie 4	Hessenschanze – Altenbauna
Linie 5, 6	Bahnhof Wilhelmshöhe – Wolfsanger
Linie 7	Mattenberg – Rothenditmold
Linie 8	Kurhaus – Lindenberg

Herkulesbahn:

Linie 12	Kirchweg – Brasselsberg
Linie 13	Luisenhaus – Herkules

O-Bus

Linie 10	Bahnhof Wilhelmshöhe – Harleshausen

Omnibus

Linie 20   Hallenbad – Sandershausen
Linie 22   Hallenbad – Waldau-Bergshausen
Linie 23   Ihringshäuser Straße – Simmershausen
Linie 24   Brückenhofstraße – Nordshausen
Linie 25   Bebelplatz – Kirchweg – Auefeld Siedlung
Linie 26   Wolfsanger – Hasenhecke
Linie 27   Rothenditmold – Harleshausen – Ahnatalstraße
Linie 28   Leipziger Platz – Heiligenrode
Linie 29   Leipziger Platz – Eichwaldsiedlung
Linie 30   Hallenbad – Erlenfeld – Lohfelden

Zu dieser Zeit unterhielt die KVG noch Linien ins Umland:

H   Kassel – Ihringshausen – Rothweste – Holzhausen
L   Kassel – Landwehrhagen – Hann. Münden
M   Nienhagen – Uschlag – Landwehrhagen – Hann. Münden
N   Kassel – Heiligenrode – Uschlag – Escherode – Nienhagen

Bis zum Jahre 1985 ergaben sich einige Veränderungen:

Linie 1   Wilhelmshöhe – Holländische Straße
Linie 2   Hessenschanze – Lindenberg über Hauptbahnhof
Linie 3   Druseltal – Rathaus – Stern – Ihringshäuser Str. (über Wilhelmshöher Allee)
Linie 4   Bahnhof Wilhelmshöhe – Kirchweg – Hauptbahnhof, in der Hauptverkehrszeit verlängert über Stern – Königsplatz Richtung Niederzwehren
Linie 5   Holländische Straße – Baunatal
Linie 6   Kurhaus – Bebelplatz – Wolfsanger
Linie 7   Ihringshausen – Hauptbahnhof – Mattenberg
Linie 8   Hessenschanze – Königsplatz – Lindenberg
Linie 9   Bahnhof Wilhelmshöhe – Kirchweg – Hauptbahnhof (nicht in den Ferien, nur in der Hauptverkehrszeit)

Der Linienplan seit 10. Juni 2001 sieht folgendermaßen aus:

Linie 1   Holländische Straße – Wilhelmshöhe
Linie 2   Baunatal – Brückenhof – Bahnhof Wilhelmshöhe – Holländische Straße (nur zur Hauptverkehrszeit)
Linie 3   Kurhaus – Ihringshäuser Straße
Linie 4   Mattenberg – Bahnhof Wilhelmshöhe – Kaufungen – Helsa
Linie 5   Baunatal – Königsplatz – Holländische Straße

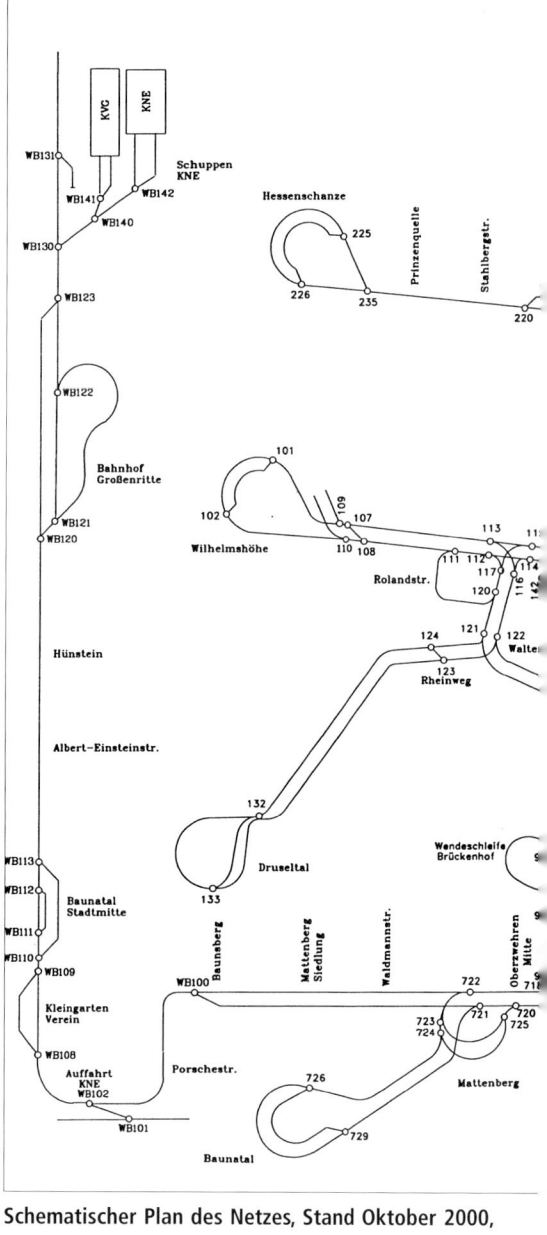

Schematischer Plan des Netzes, Stand Oktober 2000, mit allen Weichen und deren Nummern

Linie 6   Brückenhof – Auestadion – Königsplatz – Wolfsanger
Linie 7   Bahnhof Wilhelmshöhe – Hauptbahnhof – Ihringshäuser Straße
Linie 8   Hessenschanze – Königsplatz – Papierfabrik

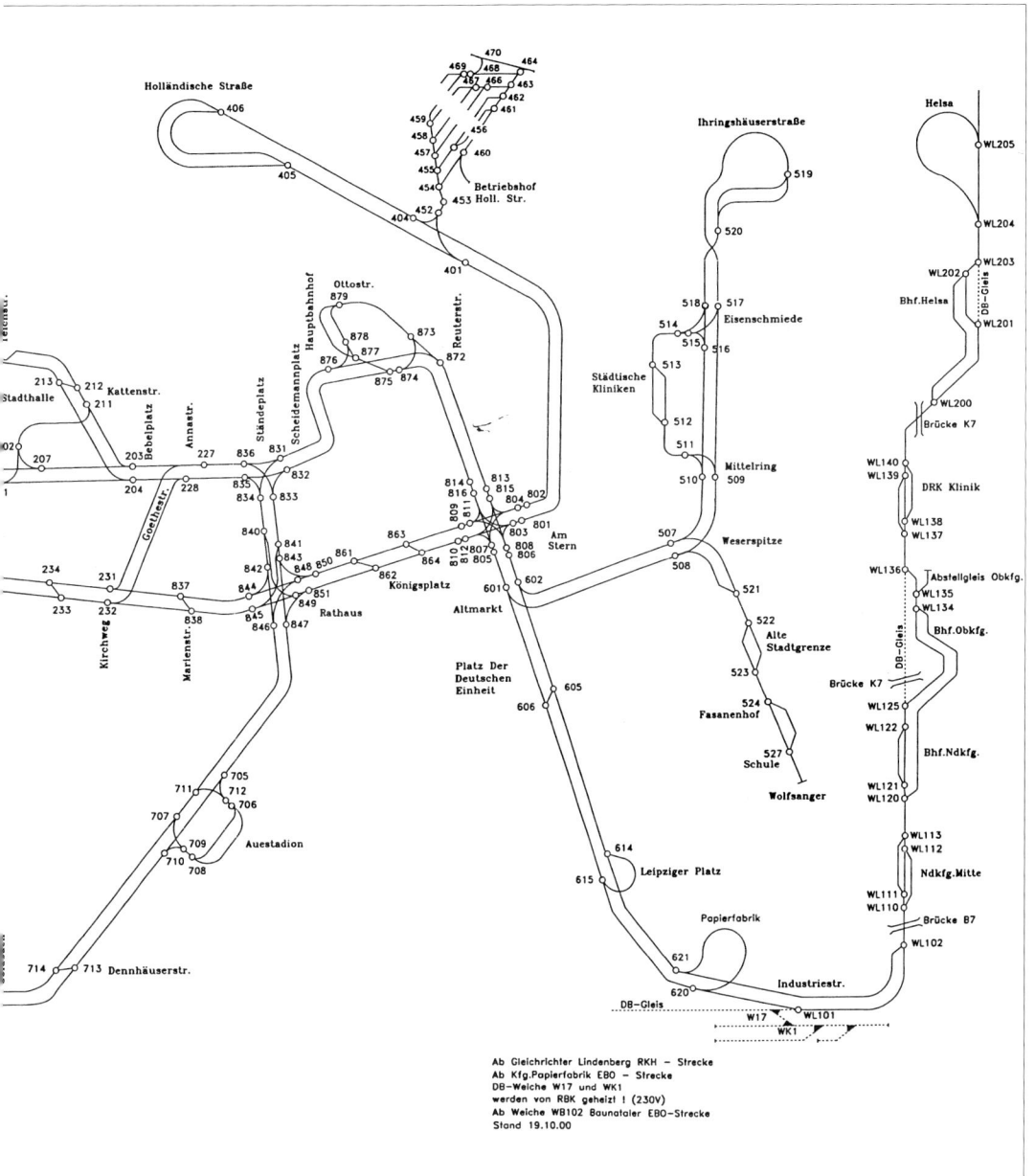

Ab Gleichrichter Lindenberg RKH – Strecke
Ab Kfg.Papierfabrik EBO – Strecke
DB-Weiche W17 und WK1
werden von RBK geheizt ! (230V)
Ab Weiche WB102 Baunataler EBO-Strecke
Stand 19.10.00

Linie 9   Mattenberg – Auestadion – Hauptbahnhof –
Königsplatz und zurück

Am Freitagabend und Samstagabend gibt es
Nachtschwärmerbusse. Diese fahren jeweils
um 1.00 Uhr nachts am Königsplatz in verschiedene Richtungen ab; neuerdings wurden
sie um eine zweite Fahrt um 2.00 Uhr erweitert.

Kundenservice

Die Linienführung wurde seit etwa 1980 immer
wieder den Wünschen der Fahrgäste entsprechend verändert und verbessert. Verantwortlich für Auskünfte ist als Zentrale das Kundenzentrum am Königsplatz. Die Beschaffung der

Eine kleine Auswahl der Druckerzeugnisse, mit denen die KVG die Nähe zu ihren Kunden sucht

Niederflurfahrzeuge und die Anpassung der Bahnsteighöhe sind Teile dieses Service.

Es beginnt an der Haltestelle, wo der Fahrgast sich genau darauf einstellen kann, dass der Niederflureinstieg dort zum Halten kommt, wo ein großes gelbes Quadrat auf den Boden gezeichnet ist. Außerdem garantiert das Unternehmen, wenn keine höhere Gewalt eintritt, dass die Linien 3, 4, 5 und 8 immer mit Niederflurfahrzeugen bestückt sind. Mit Ausnahme der Linie 6 werden abends nach 20.00 Uhr und an Feiertagen sowie an Wochenenden alle jene Fahrzeuge im Netz ausgetauscht, die nicht niederflurgemäß ausgebaut sind.

Die Haltestellen sind alle gleich gestaltet mit ausführlichen Hinweisen. Ab 20.00 Uhr kann auch zwischen den Haltestellen auf Wunsch gehalten werden, sofern der Straßenverkehr es zulässt.

Das beste Angebot für den Kunden ist jedoch eine Anschlussgarantie. Sie gilt ab 20.00 Uhr und betrifft seit dem 1. November 1999 die Haupthaltestellen in der Innenstadt und einige im Umkreis. Beispiele sind der Königsplatz, Weserspitze, Bahnhof Wilhelmshöhe, aber auch Ahnatalstraße u.a.

Verpasst der Fahrgast aus Gründen, die das Unternehmen zu verantworten hat, seinen Anschluss, so kann er sich ein Taxi nehmen und erhält gegen Vorlage einer Quittung bis zu 25 DM unbürokratisch im Kundenzentrum ausgezahlt.

Ein anderes kundenfreundliches Angebot ist die Sesamkarte. Sie gewährt den Besitzern verbilligten Eintritt zu städtischen Einrichtungen wie etwa Schwimmbädern, Museen, Ausstellungen u. a. und kann von einer Person zur anderen übertragen werden.

Als die Endstation im Kurhaus geschlossen wurde, wurde ein kundenfreundlicher Ersatz eingerichtet, um bequem in den Bergpark Wilhelmshöhe gelangen zu können. Es wurde eine Buslinie geschaffen von der Endstation der Linie 1 über die Löwenburg zur Straßenbahnhaltestelle Brabanter Straße.

Eine weitere Einrichtung soll die Kundenfreundlichkeit beweisen. Sie steht unter dem Schlagwort „Mobilität durch Solidarität" und fordert die Bürger auf, nicht zu Ende benutzte Fahrausweise, z.B. Monatskarten, im Kundenzentrum oder bei der KVG-Verwaltung abzugeben. Diese werden dann an bedürftige Bürger weitergegeben.

Betriebshöfe einst und jetzt

Kassel hatte bis zum 2. Weltkrieg fünf Betriebsbahnhöfe. Sie waren an verschiedenen Endpunkten der Strecken in unterschiedlichen Größen erbaut worden. In damaliger Zeit sprach man von Betriebsbahnhöfen; heute von Betriebshöfen oder in der Umgangssprache von „Schuppen".

Zu den einzelnen Betriebshöfen gehörte jeweils ein bestimmtes Stammpersonal an Fahrern und Schaffnern, und diese fühlten sich mit ihrem Betriebshof verbunden. Heute gibt es nur einen zentralen Betriebshof in Wilhelmshöhe.

Es handelt sich also um zwei grundverschiedene Organisationsformen. Jede davon beruht auf einer wirtschaftlichen Überlegung und ist aus der jeweiligen Zeit begründet. Einst wurden mehrere kleine Betriebshöfe gebaut, weil man dadurch die Anfahrtszeiten zu den Linieneinsätzen verkürzen und unproduktive Strecken vermeiden wollte. Außerdem wurden damals Betriebskosten eingespart, indem während der Nebenverkehrszeiten Beiwagen abgehängt wurden und diese mehrere Stunden in den Betriebshöfen abgestellt werden konnten. Heute haben wir den zentralen Betriebshof.

Zunächst ist im letzten Drittel des 20. Jahrhunderts der Gedanke mehr und mehr gewachsen, dass eine Zentralisierung von Nutzen sei. Das können wir in dem Zusammenschluss kleinerer Gemeinden zu einer Großgemeinde erkennen, an der Schaffung von Großkreisen oder aus Zusammenschlüssen im industriellen Bereich oder im Bankwesen. Der Grundgedanke ist, dass die größere Einheit rationeller und sparsamer sein soll.

Durch die Zentralisierung bei der Kasseler Straßenbahn fiel in den kleineren Betriebshöfen das nächtliche Wartungspersonal fort. Erforderliche Arbeiten können nun fachgerecht in der Zentralwerkstatt ausgeführt werden.

Bettenhausen

Der Betriebshof Bettenhausen war der kleinste und 1899 als kleine Wagenhalle ohne besondere Werkstätten gebaut worden. Hier rückten nur Fahrzeuge ein, die auf der Strecke nach Bettenhausen eingesetzt waren. Wie das umliegende Industriegebiet so wurde auch dieser Betriebshof während des Krieges sehr stark beschädigt. Er kam aber in der Nachkriegszeit noch einmal zu einer besonderen Bedeutung: Auf Grund der Sprengung der Fuldabrücke mussten die Fahrzeuge, die sich nach dem großen Angriff 1943 auf dem Bettenhäuser Ufer der Fulda befanden, nun für Jahre in diesem kleinen Betriebshof betreut werden. 1971 war die Nutzungszeit zu Ende; 1983 wurde das Gelände an Privatleute verkauft.

Wolfsanger

Der Betriebshof Wolfsanger war nur etwas größer als der in Bettenhausen und 1910/11 als Wagenhalle gebaut worden. Hier rückten Wagen ein, die nach Wolfsanger und zur Eisenschmiede eingesetzt waren. Schon wenige Wochen vor dem großen Angriff auf Kassel war dieser Betriebshof zerstört worden. Er wurde nach dem Krieg nicht wieder aufgebaut. Der Standort war seitlich der heutigen Haltestelle „Am Fasanenhof". Jetzt steht dort das einzige Hochhaus des Stadtteils Wolfsanger.

Einmalig in Deutschland: die zweigeschossige Ausführung des Betriebshofes in der Holländischen Straße

Interessante Gleisharfe vor der Einfahrt in den Betriebshof Niederzwehren, aufgenommen 1976

Niederzwehren

Der Betriebshof Niederzwehren wurde in den Jahren 1912/13 auf dem ehemaligen Festgelände des Ortes gebaut und 1934 durch einen Anbau erweitert. Im Rahmen der Zentralisierung wurde auch dieser Betriebshof geschlossen. Zuletzt hatten dort 16 Fahrzeuge nachts

ihren Stellplatz gefunden. Am 9. Juli 1983 rückten die letzten Züge aus, und im selben Jahr wurde die Halle abgerissen. Auf diesem städtischen Gelände wurden Wohnhäuser errichtet.

Holländische Straße

Der Betriebshof Holländische Straße ist ein besonderes Bauwerk, das im Laufe der Geschichte viele Veränderungen erlebt hat. Auch heute, im Jahre 2001, kann man noch nicht genau sagen, was hier einmal entstehen wird.

1908 wurde dieser Betriebshof mit vier Gleisen und entsprechenden Revisionsgruben gebaut. Doch das Besondere und Einzigartige geschah 1926: Ein zweigeschossiger Anbau ohne Gruben wurde dem alten Bau hinzugefügt. Da das Gelände von oben bis zum unteren Anbau einen Höhenunterschied von 6,30 m hat, konnte der Anbau zweigeschossig angefügt werden. Eine solche Bauweise ist – soweit bekannt – in Deutschland wohl einmalig, und aus diesem Grund sollte das Gebäude eigentlich erhalten bleiben. Auch hier hatte der Krieg große Zerstörungen angerichtet, wie man auf manchen alten Fotos sehen kann.

Diesem Betriebshof schien ebenfalls zunächst das Ende nahe zu sein. Am 8. Januar 1984 rückten die letzten Wagen von hier aus. Nun waren in der Folgezeit nur noch ausrangiertes Material und nicht einsatzfähige Fahrzeuge in diesem Betriebshof abgestellt. Immer wieder gab es Ideen, hier etwas Besonderes einzurichten, um den ausgefallenen Industriebau zu erhalten. Zeitweilig sprach man von einem Verkehrsmuseum allgemeiner Art, dann von einem Jugendzentrum.

Doch die Zeiten ändern sich. Die neuen großen Niederflurfahrzeuge hatten nicht mehr genug Platz in dem neuen Betriebshof in Wilhelmshöhe. So wurden schon nach wenigen Jahren einige Fahrzeuge nachts hier untergestellt.

In neuester Zeit wurde das gesamte Gelände an einen Privatmann verkauft. Das hat schwerwiegende Fol-

Betriebshöfe der Straßenbahn			
Name	**Abkürzung**	**erbaut**	**Entwicklung**
Bettenhausen	bb	1898	stillgelegt 1971
Wilhelmshöhe	bi	1899	Neubauabschluss 1986
Holländische Straße	bl	1908	erweitert 1926 (zweigeschossig)
Wolfsanger	bo	1911	total zerstört 1943, kein Wiederaufbau
Niederzwehren	bz	1913	erweitert 1934, stillgelegt 1983

Kassel 1945: Am Bettenhäuser Ufer der Fulda wartet ein Zug, die zerstörte Brücke kann er nicht passieren. Alle Fahrzeuge auf dieser Seite des Flusses mussten über Jahre im kleinen Betriebshof von Bettenhausen unterhalten werden. Unten: Der 1911 erbaute Betriebshof Wolfsanger wurde am 4. Oktober 1943 zerstört

Arbeitswagen in Wilhelmshöhe. Rechts der Gleisplan des neuen Betriebshofes, Stand 1985

gen, da sich auf dem unteren Teil das Schienenlager befindet und in dem Gebäude selbst noch zwei ausrangierte Fahrzeuge stehen. Vor etwa zehn Jahren fanden sich Menschen zusammen, die an Straßenbahnen interessiert sind. Sie gründeten einen Verein und setzten sich zum Ziel, alte Straßenbahnen zu restaurieren und zu erhalten. Diese Verkehrsfreunde müssen nach dem Stand der Dinge des Jahres 2001 ihr Museum, das sie dort unterhalten, ebenfalls aufgeben. So bleibt nur zu hoffen, dass in letzter Minute noch die Bewahrung dieses besonderen Bauwerkes erwirkt werden kann – in der jetzigen Form.

Wilhelmshöhe

Der Betriebshof Wilhelmshöhe ist sozusagen die „Mutter" der Betriebshöfe. 1885/86 wurde das heutige Gelände des Betriebshofes oberhalb des Stadtteiles Wahlershausen als Betriebsgelände ausgewählt. Es war die Zeit von Pferdebahn und Dampfbahn in Kassel. So ist auf alten Fotos noch ein Gebäude zu erkennen, das einmal als Pferdestall gebaut wurde, und daneben ein großer Wasserturm, der für die Dampfbahn erforderlich war. Dieser hat erfreulicherweise den Krieg und die verschiedenen Umbaumaßnamen überlebt und ist heute noch Zeuge jener Zeit. Die folgende stürmische Entwicklung machte die beiden Bauwerke überflüssig. Es entstand ein Betriebshof für Straßenbahnen mit Hallen und Werkstätten.

Obwohl Kassel eine der meist zerstörten Städte Deutschlands war, blieb der Betriebshof unbeschädigt. Daher konnte der Straßenbahnbetrieb nach Kriegsende auch wieder so frühzeitig, d.h. im April 1945, eröffnet werden.

Die Unversehrtheit des Betriebshofes hatte aber auch zur Folge, dass in den Werkstätten und auf dem Betriebsgelände weiterhin in alter Manier gearbeitet werden musste. Die Werkstätten lagen im Anschluss an die Wagenhalle, und ein Fahrzeug, das aus der Werkstatt heraus fuhr, musste durch ein freies Gleis der Wagenhalle geleitet werden.

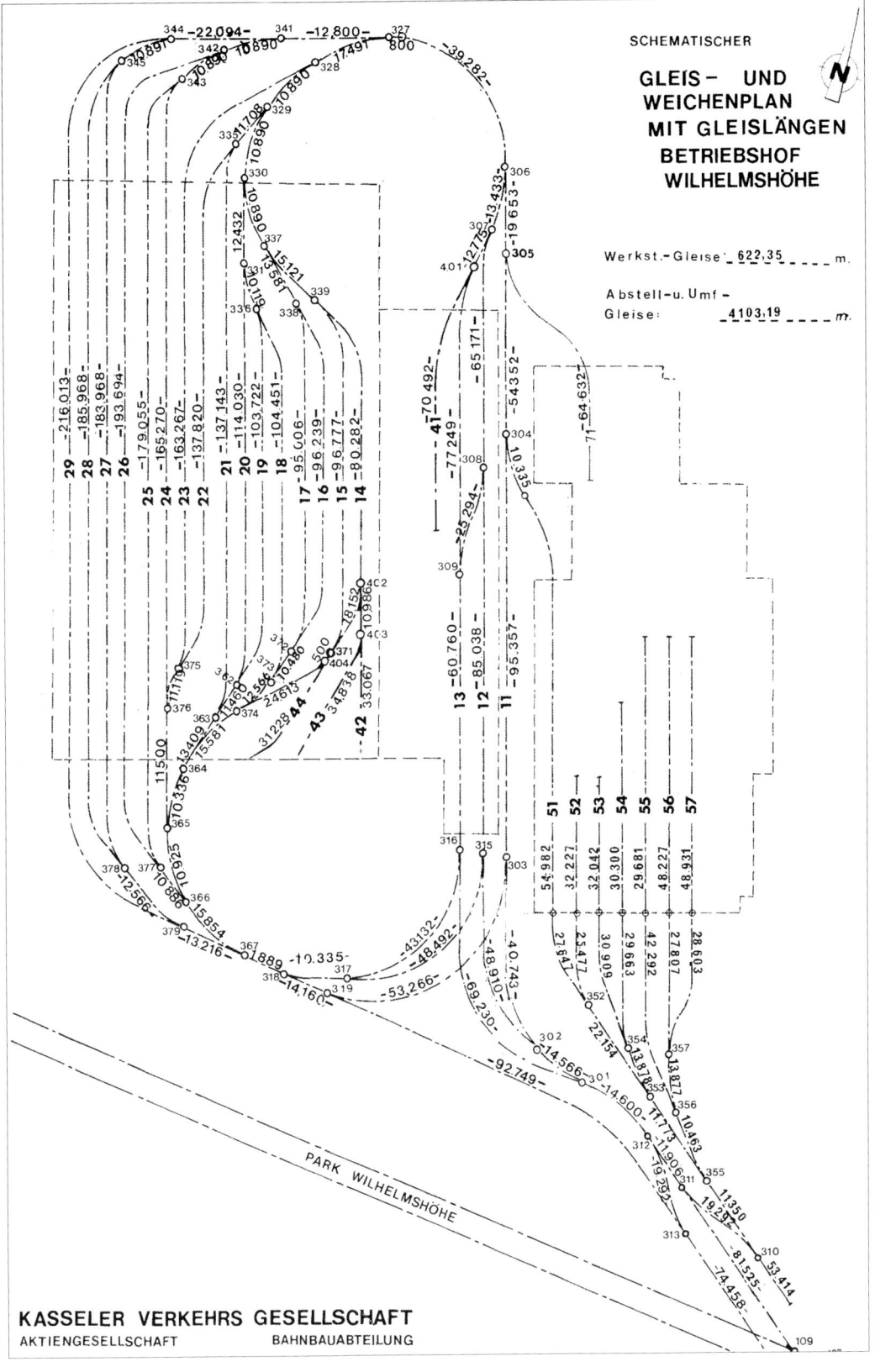

SCHEMATISCHER

GLEIS – UND
WEICHENPLAN
MIT GLEISLÄNGEN
BETRIEBSHOF
WILHELMSHÖHE

Werkst.-Gleise: 622,35 _____ m.

Abstell-u. Umf-
Gleise: 4103,19 _____ m.

PARK WILHELMSHÖHE

KASSELER VERKEHRS GESELLSCHAFT
AKTIENGESELLSCHAFT   BAHNBAUABTEILUNG

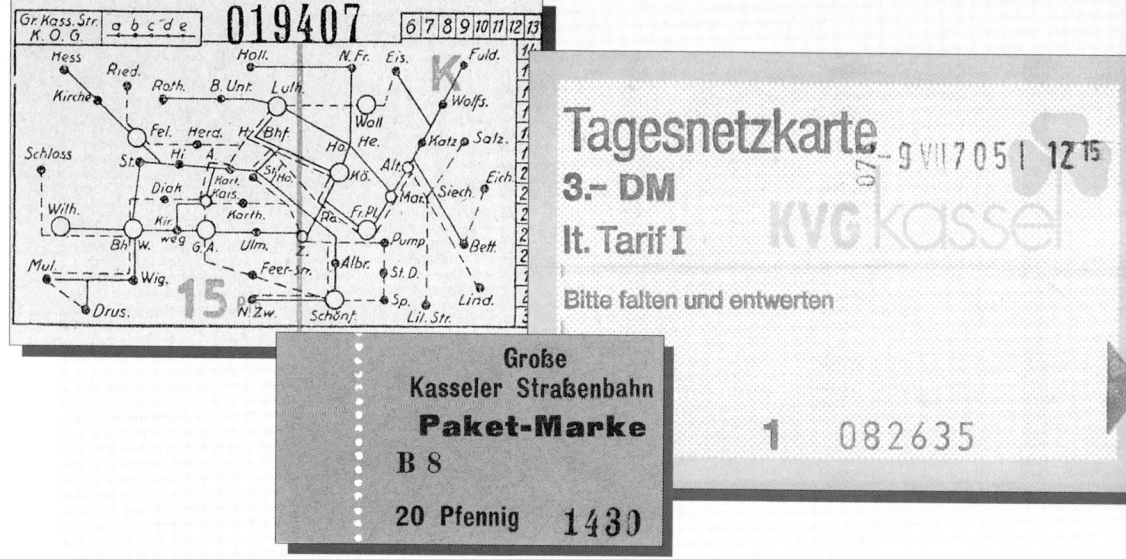

In den ersten zwei Jahrzehnten nach dem Krieg wurde das Streckennetz der Kasseler Straßenbahn wieder völlig aufgebaut. Gleichzeitig begannen in den sechziger Jahren aber auch Überlegungen, den Individualverkehr so zu fördern, dass vor allen Dingen das Auto Vorrang haben sollte.

Eine wichtige Vorentscheidung für die Zukunft war 1962 der Beschluss der Stadtverordnetenversammlung, die Straßenbahn als Kernstück des Personennahverkehrs zu erhalten und zu fördern. Zwar geriet dieser Beschluss noch einmal ins Wanken, doch ab 1970 konnte mit Neuplanungen für einen Betriebshof im großen Stil begonnen werden. In Bezug auf Wilhelmshöhe hieß dies: Neubau oder Umbau? Außerdem war die Standortfrage noch ungeklärt.

Weitere Diskussionen entbrannten um die Frage, ob ein Betriebshof für Straßenbahnen allein oder eine Kombination mit dem Omnibus geschaffen werden solle. Es gab in dieser Richtung mehrere sinnvolle Überlegungen, doch fiel am Ende, trotz Bürgerprotesten, die Entscheidung für einen gesonderten Betriebshof Straßenbahn in Wilhelmshöhe.

Die begonnenen Planungen waren nun so weit gereift, dass am 15. Oktober 1979 mit dem Bau

neuer Werkstätten und Hallen begonnen werden konnte. Gleichzeitig wurde in Aussicht gestellt, den Betriebshof für Omnibusse anschließend zu erneuern.

1986 konnte man stolz darauf sein, einen sehr modernen Betriebshof mit allen zeitgemäßen Einrichtungen bei einem „Tag der offenen Tür" der Bevölkerung präsentieren zu können. Bei der Würdigung des Werkes muss vor allen Dingen bedacht werden, dass alle Bauarbeiten geschehen mussten, ohne den täglichen Verkehr zu behindern.

Bauwerke, die erhalten blieben, sind das Verwaltungsgebäude und der Wasserturm. Im ersten Bauabschnitt entstanden Neubauten im Sozialbereich. Vor dem Abriss der alten Bauwerke wurde eine Wagenhalle für 70 Gelenkfahrzeuge und elf Beiwagen sowie für fünf Oldtimerfahrzeuge geschaffen. Die Wagenhalle ist nach drei Seiten hin offen und in den Maßen 140 x 80 m ausgelegt.

Als nächstes entstand die Betriebswerkstatt direkt neben der Wagenhalle. Die Hauptwerkstatt für Hauptuntersuchungen, Unfallreparaturen usw. folgte am Schluss.

In allen Werkstätten sind moderne Anlagen in Betrieb, um den Arbeitsablauf sicherer und zü-

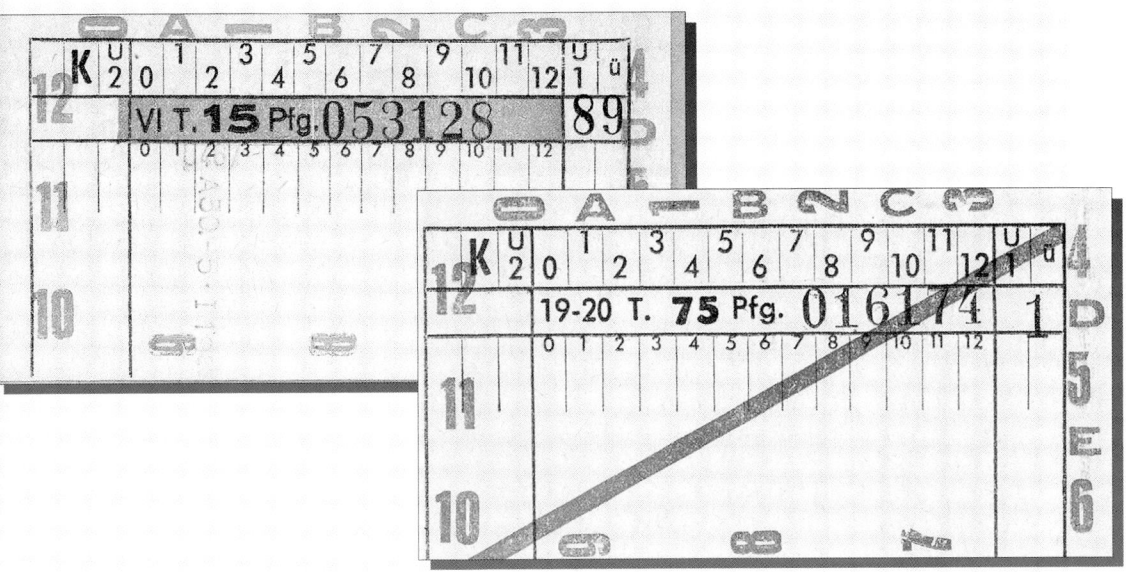

Eine Auswahl von Kasseler Fahrscheinen (1:1). 1939 verschwand das Streckennetz von den Fahrscheinen

giger abwickeln zu können. Hierzu gehören zum Beispiel jene Einrichtungen, mit denen alle nach 1965 beschafften Straßenbahnfahrzeuge angehoben und in die günstigste Position gebracht werden können. Die Hubeinrichtungen erlauben ein Anheben über ausfahrbare Schienenstücke bis zu einer Höhe von 1,70 m. Im Ruhestand sind alle Hubelemente auf Fußbodenhöhe abgesenkt und frei zu begehen beziehungsweise zu befahren.

Von besonderem Interesse wird es sein, wie die Wagen in Kassel von nun an gereinigt werden können. Das Wasser zum Waschen wird nicht aus der Leitung entnommen, sondern aus der Drainage rund um das Gebäude. Der Berg ist so wasserreich, dass durchschnittlich 4 – 6 Liter Wasser pro Sekunde in einem Behälter aufgefangen werden können. Damit wird gewaschen, und der größte Teil des Wassers sogar zurück gewonnen und weiter genutzt. Die Reinigung ist in ihrer Intensität variabel steuerbar je nach der Verschmutzung. Wassereimer und Bürsten, mit denen bis dahin die Straßenbahnen gereinigt wurden, sind nun überflüssig geworden. Aus der 30 m³ fassenden Pumpenkammer werden für den Waschvorgang etwa

840 Liter entnommen. Für diese moderne Einrichtung wurden zusätzlich 125.000 Mark bereitgestellt.

Doch die Zeit lehrte bereits im Jahre 2000, dass schon wieder Veränderungen erforderlich sind. Wegen Platzmangels in Wilhelmshöhe standen jede Nacht an drei Stellen der Stadt wertvolle Fahrzeuge unbewacht in freier Landschaft. Daraus erwuchsen jene Pläne, die im letzten Kapitel dieses Buches ausführlich geschildert werden.

Die Tarife als Folge der Verhältnisse

Für beides, Tarife und Fahrscheine, gibt es zwei Grundmodelle. Der Tarif ergibt sich durch die Berechnung nach Teilstrecken, nach Zeitdauer oder nach Zonen. Der daraus resultierende Fahrschein hat entweder das Netz eingezeichnet oder es sind Stempelfelder vorhanden. Bis zum Jahre 1939 gab es auf allen Fahrscheinen in Kassel den Netzaufdruck.

Der Schaffner signierte mit einem besonderen Stift (z. B. Filzstift) jenen Teil der Fahrstrecke, den der Fahrgast nach einem Wechsel auf an-

Am Hauptbahnhof um 1938: Sowohl die Linie 3 als auch die 10 haben als einen ihrer Endpunkte Bettenhausen

dere Linien noch berechtigt war zu fahren Außerdem waren am Rand des Scheines Tag und Tageszeit kenntlich zu machen. Im nächsten Wagen nach dem Umsteigen kontrollierte der Schaffner, und bis zum Jahre 1929 riss er an der oberen Ecke des Fahrscheines ein Stück ab, um dadurch den Schein zu entwerten. Auch wenn der Fahrgast nicht umstieg, wurde ein Eckstück abgerissen.

Wohin kam diese Ecke? Sie fiel auf den Boden des Wagens, und so muss der Wagen am Abend mit solchen Schnipseln übersät gewesen sein. Diese unnötige Verschmutzung wurde wohl eingesehen, und so waren ab 1929 Kennziffern um den Fahrschein herum angeordnet. Der Schaffner riss nun jene Kennziffer ein, die das Ende der bezahlten Strecke markierte. Der große Wechsel kam 1939. Statt des Streckennetzes gab es nun Stempelfelder.

Der Schaffner hatte eine Zange, die zunächst seine persönliche Dienstnummer bei jedem Stempeldruck kenntlich machte. Außerdem zeigte die Zange Folgendes an: Monatsangabe in Abkürzungen, Datum, Uhrzeit, Linie, Triebwagen oder Beiwagen und außerdem die Fahrtrichtung, unterteilt nach I und II.

Die Fahrtrichtung galt von West nach Ost immer Richtung I und dem entsprechend umgekehrt in Richtung II.

Die Zange hatte keine eingebaute Uhr, sondern der Schaffner stellte an jeder Endhaltestelle die dort gültige Abfahrtszeit ein. Auf den Stempelfeldern waren die Zahlen von 1 – 12 am Rande aufgedruckt. Diese Zahlen entsprachen den Teilstrecken.

Im Westen begannen sie im Druseltal, in Wilhelmshöhe und Hessenschanze mit 1 und gingen weiter bis etwa zur 7 in Bettenhausen, Eisenschmiede, Wolfsanger oder Holländische Straße.

Es würde diesen Rahmen sprengen, wollte man alle Tarifveränderungen über Jahrzehnte

Der nagelneue Wagen 261, erster der Serie, aufgenommen 1956 vor der Stadthalle

lückenlos aufzeigen. Grundregel in Kassel bis zum Kriegsjahr 1944 war die Fahrpreisberechnung nach Teilstrecken.

Dabei kosteten:

1 Teilstrecke	15 Pfennig
2 Teilstrecken	20 Pfennig
3–6 Teilstrecken	25 Pfennig
ab 7 Teilstrecken	30 Pfennig.

Beim Übergang auf die Herkulesbahn oder auf Buslinien waren die Fahrpreise entsprechend höher. Ein Beispiel: Von der Hessenschanze waren es bis zur Endstation in Wolfsanger 7 Teilstrecken, die also 30 Pfennig kosteten. Die Teilstrecken waren in diesem Falle Hessenschanze bis Kirche Kirchditmold, bis Bebelplatz, bis Karthäuserstraße, bis Friedrichsplatz, bis Katzensprung, bis Wolfsanger (Betriebshof) und bis zur Endstation Wolfsanger. Nach Einführung des Einheitstarifes 1944 kostete die Fahrt einheitlich ohne Umsteigen 20 Pfennige und mit Umsteigen 25 Pfennige.

H. Rosenberger, Mitarbeiter der KVG, schildert im Folgenden das Abrechnungsverfahren für Schaffner aus dem Jahre 1932:

Zu Beginn jenes Jahres konnte die Straßenbahn mit folgenden Fahrscheinen aufwarten:

– Einzelfahrscheine und Zwölferfahrscheine für 1,85 bzw. 2,40 DM,

– Streckenfahrscheinheft für 50 Fahrten (insbesondere für Schüler),

– mit Badekarten kombinierte Fahrausweise,

– Netzkarten und

– Karten für Betriebsangehörige.

In den Außenbetriebshöfen und natürlich in Wilhelmshöhe war je eine besondere Fahrscheinabrechnungsstelle eingerichtet. Sie wurde jeweils von einem Abrechner verwaltet, der aus dem Fahrscheinhauptlager einen bestimmten Bestand an Blöcken zugeteilt bekam. Er übergab gegen Quittung einzelne Blöcke an die Schaffner. Diese mussten einen Fahrzettel führen, auf dem sämtliche Nummern der Ein-

Straßenbahnen waren schon immer ideale Reklameträger mit ihren großen Stirn- und Seitenflächen, die sich den ganzen Tag mitten durch dicht belebte Städte bewegen. Links der Arbeitswagen 721 mit einer recht bescheidenen Variante, aufgenommen am 3. Juli 1966 im Betriebshof Wilhelmshöhe, unten ein Zug der Linie 1, von der Wilhelmshöhe kommend, mit komplett weißer Lackierung

zelfahrscheine vermerkt waren. Zum Dienstende wurden die nicht abgerissenen Fahrscheine vermerkt.

Die Differenz zwischen Anfangsbestand und noch vorhandenen Fahrscheinen am Ende des Arbeitstages musste spätestens bis zum nächsten Tag um 10.00 Uhr dem Abrechner übergeben werden. Dieser sorgte dafür, dass die Außenbahnhöfe die Gelder an die Hauptstelle in Wilhelmshöhe pünktlich überführten.

Heute wäre es wesentlich umständlicher, hier alle Fahrscheinsorten aufzuführen. Als Besonderheiten nur folgende Beispiele:

– Fahrscheine für Kurzstrecken bis zu vier Haltestellen ohne Umsteigen
– Fahrscheine für den Bereich der Stadt Kassel
– Fahrschein Kassel plus. Hierzu zählen die Randgemeinden, die an die Stadt Kassel angrenzen, wie Ahnatal, Baunatal, Espenau, Fuldabrück, Fuldatal, Habichtswald, Kaufungen, Lohfelden, Nieste und Niestetal.

Ein besonderes Angebot ist das Multiticket. Es berechtigt zwei Erwachsene mit drei Kindern (bis 17 Jahre), 24 Stunden zu fahren. Nach dem Tarif des Jahres 2000 waren dafür 9,00 DM zu zahlen.

Die ständig steigenden Kosten für Betrieb und Personal konnten nicht ständig durch Preiserhöhungen abgedeckt werden. Aus diesem Grunde wurden in den sechziger Jahren durch die Einführung des schaffnerlosen Betriebes Einsparungen erzielt. Die erste Linie, die so umgestellt wurde, war die Linie 6.

In Kassel wurde es bis zu den neuesten Fahrzeugen beibehalten, dass Fahrgäste trotz der Automaten weiterhin beim Fahrer Scheine kaufen können. Dies ist ein Entgegenkommen gegenüber jenen Bürgern, die das nötige Geld nicht zur Hand haben oder für alte Leute, die den Automaten nicht bedienen können.

Die Werbung:
Eine Geschmackssache

Geht man heute durch die Stadt Kassel, so fallen einem – ob man will oder nicht – die grellen Werbesprüche an den Straßenbahnen auf. Bis zum Ende des 2. Weltkrieges existierten an den Straßenbahnen in Kassel zur Werbung nur Dachschilder. Hin und wieder gab es für kurze Zeit besondere Werbeflächen, die an den Stirnflächen der Fahrzeuge angebracht waren.

Beiwagen fuhren grundsätzlich ohne Werbung. Etwa ab 1955 änderte sich das. Erstmalig sah man Fahrzeuge, die auf dem Wagenkasten Werbung trugen, und zwar in Farbe fest aufgetragen. Diese Tendenz zu immer mehr Werbung setzte sich kontinuierlich durch. Schließlich war man bei der Vollbemalung angekommen, und es gab Zeiten in den achtziger Jahren, da von den 22 Fahrzeugen eines Typs 21 eine Vollbemalung trugen.

In den neunziger Jahren kamen die ersten Niederflurwagen zum Einsatz, die nach damaliger Ansicht des Vorstands ohne Werbung bleiben sollten. Aber auch hier änderten sich die Zeiten, und es blieb an den Seitenflächen ein breiter weißer Streifen frei, auf dem Werbung angebracht werden konnte. Mehr sollte es aber nicht sein. Heute sind wir so weit, dass auch die neuesten Fahrzeuge schon beim ersten Einsatz manchmal Vollwerbung tragen.

Man kann über Reklame verschiedener Meinung sein. Doch scheint ein Ende der Spirale nicht in Sicht: Die nochmalige Steigerung der Geschichte brachte sogar bunte Werbung auf die Scheiben. Zwar kann man von innen durch die Farbe halbwegs nach außen sehen, doch scheint dies doch recht übertrieben. Zu hoffen ist nur, dass bei aller Vollbemalung wenigstens noch die Stirn- und Heckflächen weiterhin die Hausfarbe des Unternehmens (Blau) tragen mögen.

Träger der Werbung ist der Deutsche Städte-Service. Er erwirbt von der KVG Rechte auf Werbeflächen und vermietet diese an Kunden. Dabei gelten folgende Grundregeln:

1. Für Form und Inhalt haftet der Auftraggeber
2. Die Werbung darf nicht gegen allgemeine Gesetze und gegen die gute Sitte verstoßen
3. Es erfolgt kein Ausschluss konkurrierender Produkte, und es werden keine Linienwünsche berücksichtigt
4. Ausfalltage im Einsatz werden vergütet
5. Anbringen und Entfernen der Werbung gehen zu Lasten des Auftraggebers

einer Fachzeitschrift wurde darauf hingewiesen, dass Verkehrsmittelwerbung die einprägsamste aller Möglichkeiten sei und damit Zeitung und Fernsehen noch übertreffen würde. Man sagt, dieser Werbung kann sich im Straßenverkehr niemand entziehen, es gibt keinen Knopf, mit dem man die Werbung wie beim Fernsehen ausschalten kann und es gibt hier kein Werbeverbot an Sonntagen oder am Abend.

Die Verkehrsmittelwerbung an Straßenbahnen ist natürlich auch eine Kostenfrage. Es wird unterschieden zwischen Rumpfwerbung und Ganzbemalung. Die monatlichen Preise bewegen sich je nach Modernität des Fahrzeuges in folgenden Bereichen:

Rumpfbemalung

– an Gelenkomnibussen	ca. 1.200 DM
– an modernen Straßenbahnen	ca. 1.900 DM
– an den Stadtbahnwagen (von 1981)	ca. 1.600 DM.

Die **Ganzbemalung** ist entsprechend teurer und geht bei den modernen Fahrzeugen aufwärts bis zu einem Monatspreis von 2.500 DM.

Personal als Stütze des Unternehmens

Während der meisten Jahre war der Beruf des Straßenbahners ein reine Männersache. Von der Dampfbahn und deren Bedienung wurde das männliche Personal zur Straßenbahn übernommen. Notzeiten sorgten dafür, dass Frauen in diese Männerdomäne einsteigen konnten.

Solch kriegsbedingte Veränderungen traten im 20. Jahrhundert zweimal ein. Der 1. Weltkrieg sorgte dafür, dass auf Frauen in diesem Beruf zurück gegriffen werden musste. Viele junge Straßenbahner wurden zum Kriegsdienst einberufen, und deren Stellen mussten ausgefüllt werden. Auf manch altem Foto ist erkennbar, dass die Dienstkleidung der Frauen sicherlich einmal für Männer geschneidert worden war.

Bei Kriegsende 1918 waren sogar 50 Prozent des Fahrpersonals Frauen. Nach dem Krieg herrschte, bedingt durch die Wirtschaftslage, ein Personalüberschuss, und so schieden die Frauen wieder aus.

Oberfahrer Georg Reuter. Diesen Rang konnte man nach zehn Jahren im Fahrdienst erreichen

Eine besondere Selbstbeschränkung legte sich die KVG 1990 auf, indem sie strikt die Werbung für Kraftfahrzeuge abschaffte. Es sollte nicht an den eigenen Fahrzeugen für die Konkurrenz geworben werden.

Allerdings ist festzustellen, dass heute, im Jahre 2001, von dieser Regel wieder Abstand genommen wird. Heute ist solche Werbung wieder möglich. Entscheidend für diese Maßnahme sind die Werbeeinnahmen, die für das Unternehmen dringend benötigt werden. Trotz allem sollte bedacht werden, dass auch jedes Fahrzeug in der Hausfarbe eine Werbung für das eigene Unternehmen sein kann.

Und warum sind die Geschäftsleute so sehr interessiert an der Verkehrsmittelwerbung? In

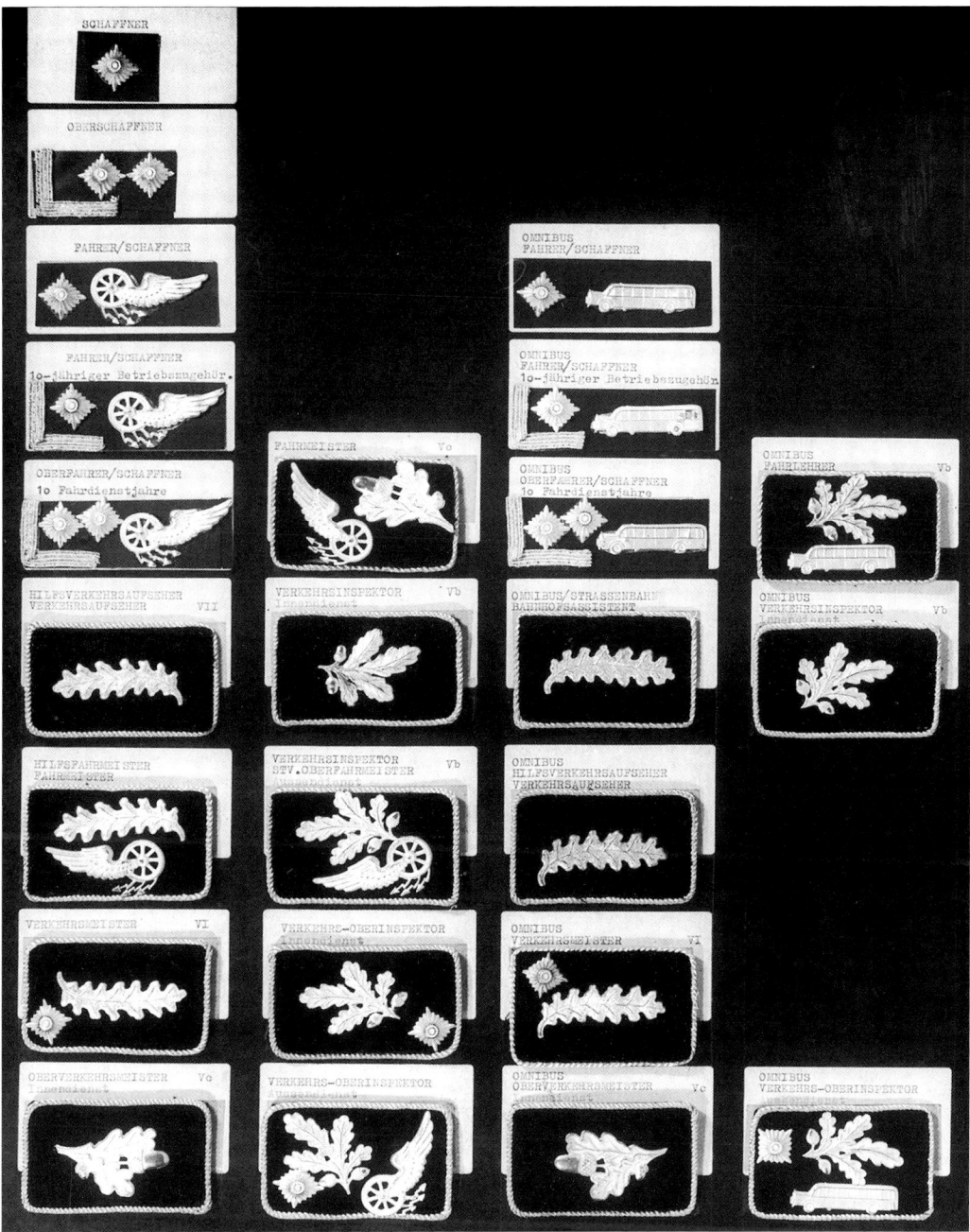

Rangabzeichen für Mitarbeiter der Straßenbahn und des Omnibus

Doch erneut sorgte die Not des 2. Weltkrieges für die Einstellung von Frauen zum Fahrdienst und als Schaffnerinnen. Das Ausscheiden der Männer zum Wehrdienst ließ wieder Personalmangel aufkommen. Die Frauen wurden hauptsächlich als Beiwagenschaffnerinnen eingesetzt und hatten besonders zeitlich verkürzte Dienstpläne. Nur in wenigen Fällen wurden

1938 hält der Triebwagen 209 vor dem Hauptbahnhof

sie mit voller Stundenzahl als Triebwagen-schaffner verpflichtet.

Da der Personalmangel ständig größer wurde, musste auf eine andere Reserve zurückgegriffen werden: die KHD-Mädchen. Dazu muss man wissen, dass zu jener Zeit Mädchen pflichtgemäß ein halbes oder ein ganzes Jahr einen Arbeitsdienst ableisten mussten. Wegen des Krieges wurden diese Mädchen zu einem zusätzlichen Kriegshilfsdienst (KHD) verpflichtet.

So waren ab 1942 jeweils 50 – 60 Mädchen aus allen Teilen Deutschlands nach Kassel verpflichtet worden und leisteten dort ein halbes Jahr Dienst als Schaffnerin bei der KVG. Auch sie waren hauptsächlich auf Beiwagen eingesetzt. Das war für diese Mädchen in den meisten Fällen nicht leicht, da sie die Stadt nicht kannten. Doch auch für den Betrieb war es nicht leicht, jedes halbe Jahr neues Personal für eine recht kurze Zeit auszubilden. Die

Mädchen konnten übrigens gemeinschaftlich in einem großen Haus in der Nähe des Betriebshofes wohnen.

Und wieder wurden mehr Männer zum Wehrdienst einberufen, und wieder war die Lücke groß, und so wurde eine weitere Reserve mobilisiert. Das waren junge Mädchen ab 16 Jahren, die noch zur Schule gingen und als Schülerschaffnerinnen ausgebildet wurden. Da sie alle pflichtgemäß in der staatlichen Jugendorganisation BDM (Bund Deutscher Mädchen) waren, trugen sie in ihrem Schaffnerdienst die Uniform des BDM. Damit sollte dokumentiert werden, dass sie ihren Dienst im Sinne des damaligen Staates und für den Krieg ausführten. Für die Mädchen war das nicht so sehr Hilfe für einen zu gewinnenden Krieg, sondern es war eine interessante Abwechslung in ihrem Alltagsleben. Außerdem bedeutete die Tätigkeit als Schaffnerin auf dem Beiwagen eine erhebliche Anerkennung.

Der Wagen 151 im Einsatz auf der Linie 14 von der Eisenschmiede zur Germaniastraße (1938). Unten die im Krieg zerstörte Wildemannsgasse in der Innenstadt mit dem Wagen 159 im Einsatz auf der Linie 4

Ständig müssen neue Fahrer ausgebildet werden. Am 7. November 1973 rückt zu diesem Zweck der Fahrschulwagen 100 in Kassel-Wilhelmshöhe aus. Die große Anschrift „Abstand halten, Bremsversuche" weist die Autofahrer darauf hin, was hier geübt wird

Den Mädchen gleich tun wollten es auch die Jungen dieser Altersstufe. Jedoch erst mehr als ein Jahr später ließ man Jungen zu dieser Tätigkeit zu. Weil auch hier wieder die Ideologie der damaligen Zeit bestimmend war, wurden aus den anfänglichen Schülerschaffnern nun HJ-(Hitler-Jugend)-Schaffner. Mädchen und Jungen fuhren nachmittags oder abends und an Wochenenden. Sie erhielten keine Bezahlung, weil es ein Kriegsdienst im Sinne der damaligen Zeit sein sollte.

Ein weiterer Einsatz für die Straßenbahn war die Verpflichtung vor allen Dingen holländischer junger Männer zum Fahrdienst bei der KVG. Sie wurden als Fahrer ausgebildet und eingesetzt und wohnten in Gemeinschaftsunterkünften gegenüber dem Betriebsbahnhof Wilhelmshöhe.

Hans van der Donk

Aus den von Deutschland besetzten Gebieten wurden während der 2. Hälfte des Krieges junge Leute zwangsweise zum Arbeitseinsatz nach Deutschland gebracht. Auch bei der Straßenbahn in Kassel arbeiteten solche Leute. Sie hatten Dienst zu tun und damit deutsches Fahrpersonal zu ersetzen. Im übrigen konnten sie sich außerhalb ihrer Dienstzeit frei bewegen. Da es Sprachprobleme gab, erfolgte der Einsatz nur als Fahrer und nicht als Schaffner. So erging es auch Hans van der Donk. Freilich war es dem 21-Jährigen nicht angenehm, als er bei einer Razzia in seiner holländischen Heimat

Fahrpersonal-Übersicht		
Jahr	**Straßenbahn**	**Bus**
1987	202	266
1991	189	252
1992	183	252
1993	186	241
1994	202	231
1995	196	228
1996	190	199
1997	201	203
1999	203	202
2000	202	209
2001	204	199

mit anderen Holländern festgenommen und 1943 nach Kassel transportiert wurde.

Wer kann es heute noch nachfühlen, wie es damals dem jungen Mann zu Mute war, so unverhofft seine Heimat verlassen zu müssen, um in nicht gerade gute Verhältnisse eingewiesen zu werden. Anfang 1943 wurde er zusammen mit anderen seiner Landsleute als Straßenbahnfahrer ausgebildet. Bald kannte man ihn auf den Linien 1 und 5, auf denen er hauptsächlich eingesetzt war. Mit ihm zusammen hatte „das Ursel" Dienst.

Für immer unvergessen ist ihm die Bombennacht im Oktober 1943, in der Kassel in Schutt und Asche fiel. Mit seiner Schaffnerin, jener besagten Ursel, lief er bei Beginn des Alarms zum nächsten Haus. Erst legten sie sich auf dem Hinterhof hin, dann liefen sie in den Keller. Als sie nach etwa einer Stunde vor das Haus traten, brannte die Stadt lichterloh. Van der Donk ist heute noch bei der Erinnerung an diese schrecklichen Stunden fassungslos.

Nach dem Krieg ging er erst einmal zurück in die Heimat, wo es ihn allerdings nicht lange hielt. Der Gedanke an seine Ursel, seine Schaffnerin, lockte ihn zurück ans Fulda-Ufer und schließlich heirateten sie. Dankbar und erfreut war Hans van der Donk, als man ihm seitens der KVG die neuesten technischen Errungenschaften der Straßenbahnfahrzeuge zeigte und ihn – nun aus freien Stücken – fahren ließ.

Nachdenklich, so sagte er, hatte ihn nur eins gestimmt: Die Technik mag vollkommen geworden sein. Wo blieben die zwischenmenschlichen Beziehungen? Der Fahrer kann nur mit sich selbst sprechen, da ist keine Ursel mehr. Er bekundet, Kassel zu lieben und deshalb ist er hier geblieben. Er sei sozusagen mit der Stadt durch Dick und Dünn gegangen, habe hier die schlimmsten und die schönsten Zeiten seines Lebens gehabt.

Das weiblich geprägte Bild beim Fahrpersonal veränderte sich nach dem Kriege wieder in Richtung zum männlichen. Heimkehrende Soldaten nahmen wieder ihre alten Arbeitsplätze ein. Dadurch waren Frauen weniger gefragt.

Die allgemeine wirtschaftliche Entwicklung zwang das Unternehmen, schon bald zum Einmannbetrieb überzugehen. Damit verbunden waren Entlassungen. Hiervon waren vor allem Frauen aus der Kriegszeit betroffen.

Ein weiteres Bild änderte sich 1973. Es verschwanden alle bisher an der Dienstkleidung des Fahrpersonals getragenen Abzeichen, Symbole und Kennzeichen einer vorhandenen Berufsstufe. Bis 1981 konnte man noch einen Aufsichtsbeamten an Zeichen und Symbolen erkennen. Dann wurden auch diese abgeschafft, und es ist heute noch so, dass sich weder Dienstjahre noch Altersstufe oder Dienstrang an der Berufsbekleidung eines Angestellten erkennen lassen.

In den achtziger Jahren begann eine Veränderung, die dieses Mal nicht kriegsbedingt war, sondern die ihre Wurzeln in der Emanzipation hatte. Im Vergleich zu anderen Städten und Verkehrsbetrieben begann ein Umdenken in Kassel in Bezug auf das Personal erst spät. Ab 1990 wurden in verstärktem Maße Frauen zum Fahrdienst ausgebildet. Der erste Straßenbahnlehrgang für weibliches Fahrpersonal begann am 26. Februar 1990 mit Frau Rauser und Frau Velten. Es folgten 16 Lehrgänge, in denen 28 Fahrerinnen ausgebildet wurden.

Im Busbereich waren 2001 zwölf Fahrerinnen beschäftigt, auch als Teilzeitkräfte. Mischarbeitsplätze haben die Mitarbeiter, die in Spitzenzeiten Fahrdienst leisten und danach Arbeitseinsatz zum Beispiel in der Verwaltung oder in der Technik haben. Außerdem gibt es 29 DUO-Fahrer: Personal, das sowohl Omnibus als auch Straßenbahn fahren kann.

4. Herkulesbahn

Ein amerikanischer Offizier begeisterte sich 1945 für die Herkulesbahn und schuf einige hervorragende Bilder, unter anderem dieses am Luisenhaus. Der Triebwagen hat Pappfenster, das Gasthaus weist noch deutliche Kampfspuren auf

Reklame für die Herkulesbahn von 1926

Die Bevölkerung Kassels ist sehr eng mit ihrer Straßenbahn verbunden, und das gilt auch für die Herkulesbahn. Wenn man in früheren Jahrzehnten von der Straßenbahn sprach, so wurde sie auch in der Umgangssprache die „Elektrische" genannt.

Die Herkulesbahn dagegen hatte viele Besonderheiten, durch die sie weit über die Grenzen der Stadt hinaus bekannt und geschätzt war. Sie war es, denn leider wurde sie 1966 im Hau-Ruck-Verfahren stillgelegt und verschrottet. Sie …

– wurde nicht von einer Gesellschaft gegründet, sondern von einer Einzelperson,
– war eine einer Nebenbahn ähnliche Kleinbahn,
– wurde geschaffen zur Personen- und Güterbeförderung,
– war eine Schmalspurbahn,
– führte von der belebten Stadt (Kirchweg) zur Stille des Herkules,
– kann als eine der schönsten Bergbahnen des deutschen Mittelgebirges bezeichnet werden,
– führte durch das romantische Druseltal auf die Höhen des Habichtswaldes.

Die landschaftliche Schönheit wurde immer wieder lobend hervorgehoben. Die über 550 m hoch gelegene Endhaltestelle war der bequemste Ausgangspunkt für Wanderungen im Habichtswald und für die Besichtigung des Herkules.

Geschichtlicher Rückblick

1893

plante Gustav Henkel ein Elektrizitätswerk für den Villenbereich in Kassel-Wilhelmshöhe. Es sollte mit der in der Nähe vorkommenden Braunkohle beheizt werden. Diese Tatsache ist wichtig, weil es auch Henkel war, der den Ge-

Eines der ersten Fahrzeuge der Herkulesbahn von 1903. Die Sitze konnten hoch geklappt werden. Danach war das Fahrzeug auch im Güterverkehr einsetzbar

Die Güterzuglok 36, besser gesagt, ein Gütertriebwagen. In der Hauptsache Kohle wurde so transportiert

Etwa 1938 wurde der Wagen 30 am Kurhotel fotografiert. Unten eine weitere Aufnahme des amerikanischen Offiziers vom Sommer 1945 mit den Wagen 31 und 74. Im Hintergrund hat der Fotograf seinen Jeep geparkt

danken einer elektrischen Bergbahn für Wilhelmshöhe entwickelte.

1897

war es dann soweit. Er stellte einen Antrag auf Genehmigung einer Bergbahn von Mulang (etwa Berlepschstraße) zum Herkules. Es sollte eine Adhäsionsbahn sein, und die Strecke berührte und durchschnitt auch den Bergpark Wilhelmshöhe. Das wurde aber abgelehnt. Henkel ließ einen neuen Plan mit geänderter Streckenführung durch die Kohlenstrasse bis in das Gebiet hinter dem Herkules ausarbeiten.

1901

erhielt Henkel die Genehmigung zum Bau einer elektrischen Bahn zum Gütertransport zwischen Bahnhof Wilhelmshöhe-Kohlenstraße und Herkules und auch für den Ast Dönche – Palmenbad. Es sollte eine eingleisige Bahn sein. Mit den Arbeiten wurde sofort begonnen.

1902/03

erfolgte die Abnahme zunächst für den Gütertransport und dann auch für die Personenbeförderung auf der Strecke Palmenbad – Dönche – Luisenhaus – Herkules und für den Güterverkehr vom Bahnhof Wilhelmshöhe zur Zeche Neu Holland.

1905

wurde das Unternehmen eine selbstständige Aktiengesellschaft. Ein Gleisanschluss zum Steinbruch wurde gebaut.

1909

konnte die Bahn bis zum Kirchweg für den Personenverkehr eröffnet werden. Die Streckenlänge vom Bahnhof Wilhelmshöhe durch die Kohlenstraße betrug 1,4 km.
Die Bevölkerung nahm die Verbindung bereitwillig an und die Beförderungszahlen stiegen stark. Das führte dazu dass man ab 1910 mit Beiwagen fuhr.

1911

konnte wegen der günstigen finanziellen Lage die 1,5 km lange Strecke vom Luisenhaus zum Brasselsberg gebaut werden.

Ab 1914

wurde für die folgenden Kriegsjahre der Gütertransport in dem Maße verstärkt, wie mehr

Braunkohle benötigt und mehr Zechen angeschlossen wurden.

1927

ging die Aktiengesellschaft an die Große Kasseler Straßenbahn über, und bei der folgenden Tarifänderung wurde die Strecke Kirchweg – Luisenhaus – Brasselsberg in den Straßenbahntarif eingebaut. Lediglich für die Bergstrecke vom Luisenhaus zum Herkules musste gesondert gezahlt werden.

1961

wurde der Güterverkehr eingestellt. Zechenschließungen waren mit verantwortlich dafür und auch Bürgerproteste wegen zu lauter Geräusche der Güterzüge.

1965

erfolgte die Umstellung von der Bahn zum Bus auf dem Abschnitt Kirchweg – Luisenhaus – Brasselsberg.

1966

war mit der Umstellung auf Busbetrieb zwischen Luisenhaus und Herkules das Ende dieser besonderen Bergbahn gekommen.
Am 12. April 1966 fand die letzte Fahrt statt und sofort begannen der Abbau der Strecke und die Verschrottung der Fahrzeuge.

1967

wurde das Gelände verkauft und die Gebäude des Betriebshofes abgerissen.

Personenfahrzeuge

Die Personentriebwagen, von denen zwei offene zweiachsige und ein geschlossener Wagen im Jahre 1902 beschafft wurden, waren leicht gebaut. Sie hatten zwei Motoren von je 21 kW, Sandstreuer, elektrische Kurzschlussbremse und elektromagnetische Schienenbremse. Die Fahrzeuge galten als besonders sicher. Bei der Eröffnung gab es nur diese drei Personentriebwagen. Sie genügten für den Betrieb zwischen Palmenbad und Herkules.
Die nächsten Anschaffungen erfolgten im Jahre 1909. Es waren ein leichter und sieben schwere Personentriebwagen für den Verkehr zwischen Kirchweg und Herkules bzw. Brasselsberg. Es gab 20 Sitzplätze und 10 Stehplätze auf den

Im Sommer 1946 halten der Wagen 24 und ein weiterer beim Luisenhaus. Unten die Nr. 17 aus Solingen

Verladung von Kohle und Schotter am Bahnhof Wilhelmshöhe

Plattformen. Ein Jahr später wurden zweiachsige Beiwagen in Dienst gestellt.

1921 baute man stärkere Motoren ein, 1924 wurden zwei gebrauchte Triebwagen beschafft und sieben Beiwagen bei der Firma Wegmann in Auftrag gegeben Es folgten weitere Personentriebwagen, die als gebrauchte Fahrzeuge von auswärtigen Straßenbahnbetrieben übernommen wurden.

Im Laufe der Zeit wurden an den Fahrzeugen Verbesserungen vorgenommen. Die Triebwagen erhielten Schiebetüren, verstärkte Schienenbremsen und teilweise auch Nockenfahrschalter. Alle Triebwagen bekamen Scherenstromabnehmer.

Die nach dem Kriege beschafften gebrauchten Fahrzeuge aus Solingen konnten wegen der Stilllegung des Betriebes nicht mehr in vollem Umfang ausgenutzt werden.

Güterfahrzeuge

Bei Aufnahme des Güterverkehrs gab es folgende Fahrzeuge: drei vierachsige, zweimotorige Gütermaschinen und zwei zweiachsige offene Güterwagen. Die Motorleistung betrug 31 kW und der Führerstand war in der Mitte des Fahrzeuges erhöht aufgebaut. Zugmaschinen fuhren auch mit Anhängern und konnten damit mehr Last zum Verladebahnhof Wilhelmshöhe an der Kohlenstraße befördern.

1918 war es, als der erste Anhänger beschafft wurde mit gleichem Aufbau wie bei den Zugmaschinen. Auf den Plattformen der Fahrzeuge waren kurze Schienen zur Aufnahme der rollfähigen Behälter angebracht. Gebremst wurden die Güteranhänger von einem eigenen Bremser.

Das Ladegewicht betrug 7,5 t, so dass mit dem Anhänger gemeinsam ein Ladegewicht von 22,5 t erreicht wurde. In den folgenden Zeiten wurden weitere Fahrzeuge beschafft und mit Motoren mit einer Leistung von 38 kW ausgestattet.

Es gab genaue Vorschriften über die Geschwindigkeit auf Berg- und Talstrecken:

Güterverkehr:
bergauf 15 km/h   Talfahrt 10 km/h
Personenverkehr:
bergauf 20 km/h   Talfahrt 15 km/h

Der aus Solingen übernommene Wagen 14 hat die Haltestelle Brasselsberg erreicht

Fahrschein der Herkulesbahn mit der für Kassel typischen abgerissenen (entwerteten) Ecke

Von der Straßenbahn wurden, wie schon vorher kurz erwähnt, im Laufe der Zeit zwei Fahrzeuge übernommen und für den Einsatz im Personenverkehr bei der Herkulesbahn umgerüstet.

1960 erhielt die Herkulesbahn den Beiwagen 605, Baujahr 1907. Er wurde umgespurt und lief dann unter der Betriebsnummer 75. Hersteller des Wagens war die Firma v. d. Zypen. Die Länge des Fahrzeuges betrug 8,50 m, und es war ausgelegt für 38 Personen. 1948 hatte dieser Wagen ein Fahrgestell des Wagentyps 1 – 14 erhalten. 1955 – 57 erfolgte ein Umbau, es wurden eine Außenwandverkleidung montiert, Schiebetüren eingebaut und die Sitze mit Polstern versehen.

Wagen 101 (v. d. Zypen) wurde 1957 an die Herkulesbahn abgegeben und bereits 1962 verschrottet. Er lief dort unter der Betriebsnummer 11.

Das Schicksal der Bahn

Diese vielleicht schönste Bergbahn Mitteldeutschlands hatte im Laufe ihres Bestehens oft Widerstände zu überwinden. Da gab es zunächst keine Fürsprache für das Bahnprojekt aus verschiedenen Gründen, und die Verantwortlichen brauchten Standfestigkeit, um die Projekte zu realisieren und später die Rentabilität zu sichern.

Fast glaubt man, es sei in heutiger Zeit gewesen, wenn man liest, dass der erste Plan von Henkel nicht genehmigt wurde, weil der zunächst geplante Zahnradabschnitt den Randbereich des Bergparks Wilhelmshöhe berührte. Vom Bahnhof Wilhelmshöhe bis Mulang sollte es eine Adhäsionsbahn sein, und dann per Zahnrad, wie es Henkel wollte, weiter zum Herkules gehen.

Bei dem Begehren, die Herkulesbahn bis Kirchweg zu verlängern, trat die Stadt Kassel als Gegner auf, und erst gerichtlicherseits musste zu Gunsten der Bahn entschieden werden. Ein ähnlicher Kampf musste geführt werden, um die Bahn zum Brasselsberg zu verlängern. Wünsche und Interessen der Bewohner jener Gegend wurden zunächst nicht berücksichtigt. Der Bau konnte erst dann verwirklicht werden, als die Bewohner einen freiwilligen finanziellen Zuschuss leisteten. Kurz vor dem 1. Weltkrieg hätte die Herkulesbahn gern ihr

Das traurige Ende der Herkulesbahn ...

Netz vom Kirchweg durch die Gräfestraße zur Frankfurter Straße verlängert. Es wäre eine ideale Verbindung vom Bergpark zur Karlsaue entstanden. Der Krieg durchkreuzte diesen Plan.

Der Bau der Druseltalstrecke der Straßenbahn 1923 war ein Schlag gegen die Herkulesbahn auf der Verbindung von der Dönche zum Palmenbad. Sie wurde unrentabel.

Auch nichtamtliche Stellen waren der Bahn nicht hold. Besonders ein Kurhaus in der Gegend kämpfte mit großer Gewalt gegen die Geräusche der Bahn. Es kam zu einem Kompromiss insofern, als insbesondere der Verkehr der Güterzüge in der Nachtzeit eingeschränkt wurde.

In der Festschrift zum fünfzigjährigen Jubiläum der Herkulesbahn 1953 sprachen die Verantwortlichen von der Einmaligkeit dieser Bahn, aber 13 Jahre später erinnerte man sich nicht mehr daran. So wurde die Bahn schließlich 1966 stillgelegt.

In einer Veröffentlichung vor etwa zehn Jahren schrieb ich: „Die Herkulesbahn wird wohl nie wiederkommen". Heute, im Jahre 2001, bin ich in der Lage zu berichten, dass es erste zaghafte Versuche gibt, dieses Verkehrsmittel, natürlich in moderner Form, wieder zu beleben.

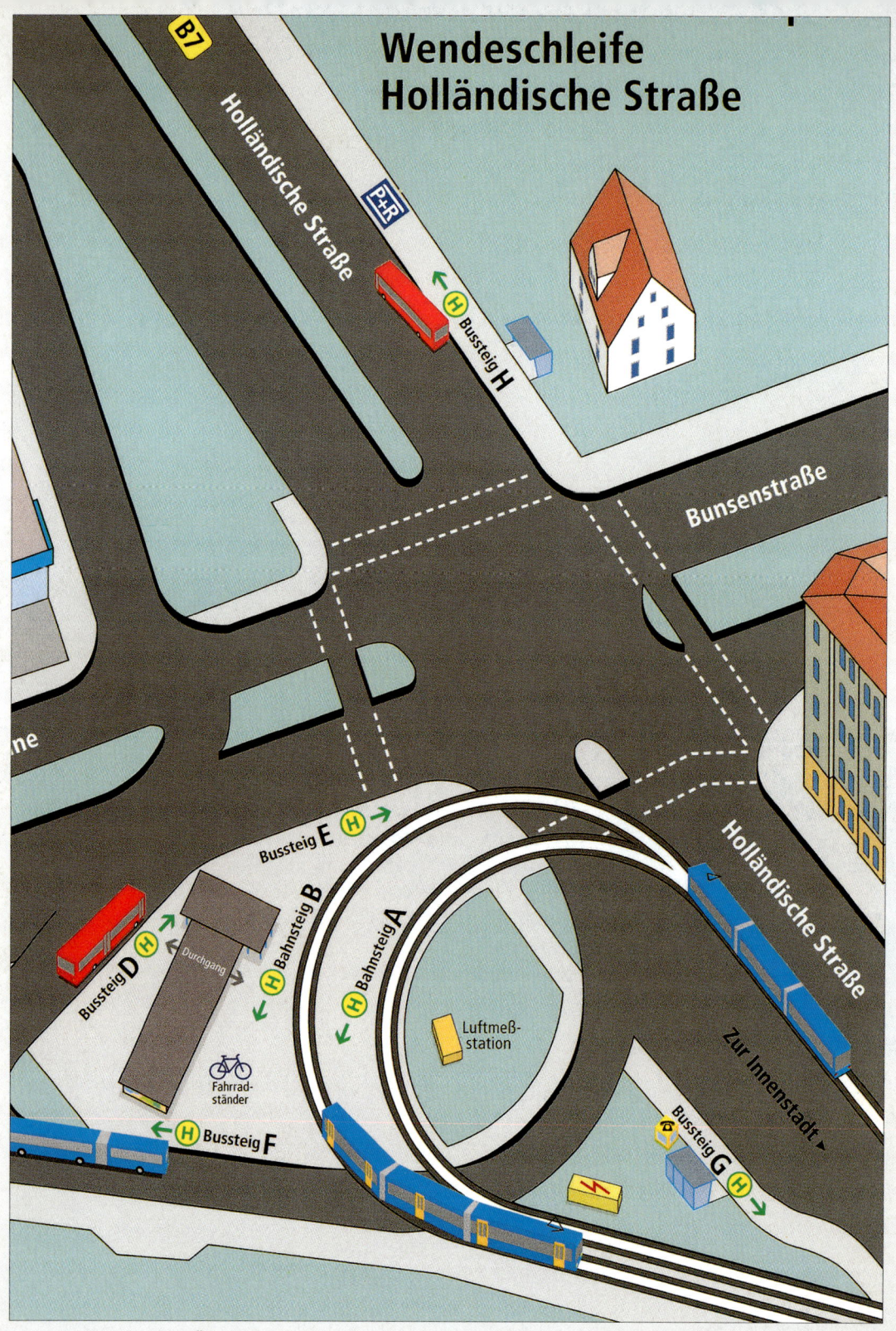

Wendeschleife
Holländische Straße

B7

Holländische Straße

P+R

Bussteig H

Bunsenstraße

Holländische Straße

Bussteig E ⓗ

Bahnsteig B

Bahnsteig A

Bussteig D ⓗ

Durchgang

Luftmeß-station

Fahrrad-ständer

Zur Innenstadt ▶

ⓗ Bussteig F

Bussteig G ⓗ

Vorbildlich in puncto Übersicht und Informationsgehalt sind die Kasseler Haltestellenpläne

Ein Zug der Linie 1 fährt am 26. Juni 1999 in der Holländischen Straße zur Haltestelle Mombachstraße. Unten ebenfalls ein Zug der Linie am Brüder-Grimm-Platz, rechts der Hessische Verwaltungsgerichtshof

5. Omnibus als Partner der Bahn

Busparade im Juni 1969, neben Modellen der einheimischen Firma Henschel rechts ein MAN-Fahrzeug

Geschichtlicher Rückblick

Der Busverkehr Kassels begann schon sehr früh, und zwar kurz nach der Wende zum 20. Jahrhundert und endete mit dem Beginn des 1. Weltkrieges. Damals gab es nur Fahrzeuge mit Vollgummibereifung und als Beleuchtung diente, wie auch bei Fahrrädern, eine Karbidlampe. Es waren Privatunternehmer, die in den frühen zwanziger Jahren Orte im Umfeld von Kassel durch Buslinien bedienten. Doch erst die technischen Fortschritte der Folgezeit schufen die Voraussetzung, dass mehr und mehr Busse und Straßenbahnen genutzt wurden. So gab es bis 1926 Linien nach Sandershausen, Großalmerode, Udenhausen und Niedenstein. Ein Teil dieser Strecken wurde auch von der damaligen Reichspost bedient. Von Anfang an stellte sich für all diese Unternehmer die Frage nach der Rentabilität. Kann man Buslinien als Konkurrenz zu bestehenden

Straßenbahnlinien quer durch die Innenstadt ohne Verluste führen, oder sollten Busse nur den Anschlussverkehr von der Endstation der Straßenbahn aus übernehmen?

Der bekannteste Privatunternehmer war „Auto-Peter", der 1927 einen Stadtomnibusverkehr einrichtete und damit auch Erfolg hatte. Seine Streckenlänge betrug 12,5 km. Die verschiedenen Linien waren mit Buchstaben gekennzeichnet. Diese Busse bildeten eine Konkurrenz zur Straßenbahn, denn über eine Strecke von etwa 8 km verliefen beide Verkehrsmittel parallel. So hatte zum Beispiel Auto-Peter eine attraktive Linie vom Lindenberg über den Hauptbahnhof bis ins Druseltal. Am 1. August 1927 begann die Straßenbahn, eine eigene Omnibuslinie von der Wolfsschlucht über die Kölnische Straße und Kirchditmold bis Harleshausen einzurichten.

1928 gründete sie als Tochterunternehmen die Kasseler Omnibusgesellschaft (KOG). Diese kaufte eine Reihe von Privatunternehmen und deren Geschäftsanteile auf. Das Unternehmen wurde im Laufe des Jahres 1928 durch weitere Erwerbungen erweitert. 1929 entstand der Betriebshof für Omnibusse an der Sandershäuser Straße.

Die Linienentwicklung bei den Omnibussen ist im Wesentlichen durch folgendes Problem gekennzeichnet: Soll der Bus zur City einer Stadt fahren, oder soll er grundsätzlich nur von der Endhaltestelle der Straßenbahn ins Umland führen?

In Kassel gab es hierzu verschiedene Entscheidungen. Das gleichzeitige Befahren gleicher Strecken von Straßenbahn und Bus konnte auf Dauer keinen Erfolg bringen.

Im Jahre 1939 wurde bei der Umstellung von der Großen Kasseler Straßenbahn mit Herkulesbahn und KOG zur „Kasseler Verkehrsgesellschaft" ein entscheidender Schritt getan. Es wurde sich für den Bus als Zubringer zur Straßenbahn entschieden. Bestehende Busäste, die ins Stadtgebiet hineinreichten, wurden bis zu den nahen Endhaltestellen der Straßenbahn zurück genommen. Als Beispiel sei die Strecke Simmershausen über Eisenschmiede zur Weserspitze genannt. Ab Januar 1939 wurde im Zuge dieser Regelung der Bus auf der Strecke Simmershausen – Eisenschmiede – Weserspitze zurück genommen, so dass die Fahrgäste bei der Eisenschmiede vom Bus in die Bahn umzusteigen hatten.

1971 gab es eine Kehrtwendung. Die Busse aus dem Umland wurden bis zur City geführt, und dieser Zustand ist bis in die heutige Zeit so geblieben. Eine Neubesinnung kann man insofern feststellen, als im Zuge der neu eröffneten Lossetalbahn auf diesem Verkehrszweig wieder zum Buszubringersystem umgeschaltet wurde.

Entscheidend für diese Entwicklungen waren auch die Eingemeindungen der umliegenden Dörfer in die Stadt Kassel, zum Beispiel 1906 Kirchditmold, Wahlershausen, Rothenditmold, Bettenhausen und 1936 Waldau, Niederzwehren, Oberzwehren, Nordshausen, Harleshausen und Wolfsanger.

Interessant mag es auch sein, zu erfahren, dass die Kasseler Omnibusgesellschaft vor dem 2. Weltkrieg planmäßig von Mai bis August am Montag, Mittwoch und Samstag Ausflugsfahrten in die Umgebung mit einer Dauer von einer bis drei Stunden anbot.

Fahrzeuge

Mitte der dreißiger Jahre des vorigen Jahrhunderts versuchte man in Deutschland Kraftstoff zu sparen und wollte in allen Bereichen des Lebens versuchen, möglichst autark zu sein. 1935 stellte die Firma Henschel und Sohn der KOG einen Omnibus zur Verfügung, der durch einen Dampfmotor angetrieben wurde. Er war an der Zusatzbeschriftung „Kurhessen" zu erkennen. Nach Abschluss der Erprobungsphase nahm die Firma Henschel das Fahrzeug zurück. Auf weitere Versuche in dieser Richtung wurde verzichtet.

Ein weiterer Versuch in Richtung Autarkie wurde gemacht, und eine Schlagzeile einer Kasseler Tageszeitung Anfang des 2. Weltkrieges lautete: „Mit Leuchtgasantrieb nach Lohfelden". Für die Kasseler Bevölkerung war es ein neuer Anblick, den ersten Leuchtgas-Omnibus im Verkehr zu sehen. Er fuhr zwischen Bettenhausen (Hallenbad) und Lohfelden. Seine Fertigstellung hatte sich aus kriegsbedingten Gründen verzögert, da es an Material mangelte. Dieser Versuch wurde unternommen, weil einerseits die Beförderungszahlen stiegen, andererseits aber der Kraftstoff nur in geringeren Mengen zugeteilt wurde.

Auf Grund dieser Umstände schien der Einsatz von Leuchtgas als Antriebsmittel ein Ausweg zu sein. Ursprünglich wollte man das von der Pariser Metro schon im 1. Weltkrieg entwickelte Leuchtgas-Antriebsverfahren einfach übernehmen. Doch dieser Plan konnte nicht verwirklicht werden.

Daher wurden im eigenen Werk Versuche angestellt. Durch den Einbau eines Aggregates in einen für Leuchtgasantrieb besonders umgestalteten Wagen konnten nun Probefahrten unternommen werden.

Moderner Betriebshof Wilhelmshöhe – historischer Triebwagen 144. Unten ein typisches Bild aus der Kasseler City von heute: Fußgänger und Straßenbahn, diese Kombination hat sich auch andernorts durchgesetzt

Den Bahnhof Kassel-Wilhelmshöhe verlässt der Wagen 408 im Einsatz auf der Linie 7 zur Ihringshäuser Straße. Unten der Bahnhof Oberkaufungen mit dem alten Empfangsgebäude, im Hintergrund die neue Haltestelle

Ein Rundfahrtangebot in die Umgebung von Kassel aus den dreißiger Jahren

Durch seinen kastenförmigen Aufbau auf dem Vorderdeck ähnelte er einem zweistöckigen Berliner Bus. Dieser Aufbau enthielt den Tank. Er bestand aus einer seine ganze Ausdehnung einnehmenden Gummiblase. Durch ein abschlusssicheres Ventil nahm die Blase das einströmende Gas auf und gab es nach Bedarf ab. Etwa 16 – 18 m³ Gas konnten so getankt werden, was für eine Fahrt von rund 15 Kilometern reichte.

War das Leuchtgas verbraucht, konnte der Omnibus jederzeit auf Normalbenzin umgeschaltet werden. An einer besonderen Tankstelle am alten Hallenbad in Kassel nahm der Bus jeweils in knapp drei Minuten die neue Leuchtgasmenge auf.

Die Reisegeschwindigkeit betrug durchschnittlich 14 km/h. Der Bus verkehrte zwischen Hallenbad und Lohfelden. Hierfür benötigte man gerade eine Gasfüllung. Weitere Pläne gab es, aber die Zeitumstände bereiteten diesen ein Ende.

Der 2. Weltkrieg und die Nachkriegszeit

Das Kasseler Omnibusunternehmen wurde von den Kriegsereignissen hart getroffen, vor allem der Betriebshof an der Sandershäuser Straße. Die Omnibusse hatten gegenüber der Straßenbahn einen Vorteil bei Luftangriffen auf die Stadt. Sie wurden ab 1943 nachts dezentral am Rande der Stadt abgestellt, und diese Verteilung, so hoffte man, würde die Wagenverluste geringer halten. Die Straßenbahn ihrerseits hatte kaum solche Möglichkeiten.

Zeitzeugen berichten, dass nach den schlimmen Angriffen morgens eine Sammelstelle in der Stadt vorhanden war, von der aus die Busse auf solche Routen geführt wurden, die in der

Nacht unbeschädigt geblieben waren. Nach großen Angriffen wurden Busse aus verschonten Städten in jene Orte befohlen, die großen Schaden erlitten hatten. So gab es auch einen Austausch Berliner Busse mit Kassel.

Nach Kriegsende hatten die verbliebenen Mitarbeiter zunächst lange Zeit mit Aufräumarbeiten im Betriebshofgelände zu tun. Vom Lehrling bis zum Betriebsleiter musste jeder morgens zunächst zwei Stunden schippen und dann ging es an die Reparatur der noch vorhandenen Fahrzeuge.

Sie wurden mit Holzgasantrieb ausgerüstet. Zwischen Führerhaus und Aufbau befand sich der Kessel, in dem Holzstücke schwelten, wodurch Gas gebildet wurde.

Zunächst begann man den Betrieb mit Fahrzeugen, die noch wenig Ähnlichkeit mit Bussen hatten, denn es waren eigentlich Lastwagen, auf denen morgens oder am späten Nachmittag Personen befördert wurden. In der Zwischenzeit wurde mit den Fahrzeugen Bauschutt befördert.

Zu der Anzahl der Neubeschaffungen je Kalenderjahr nach 1945 findet man verschiedene Angaben. Es werden aber zwei bis fünf Fahrzeuge gewesen sein. Ab 1960 kann man mit sieben bis zehn Bussen pro Jahr rechnen.

Folgende Aufstellung möge einen Einblick geben. Es wurden neu beschafft an Bussen:

Jahr	Anzahl
1975	1
1981	8
1982	7
1983	18
1974	9
1985	8
1986	-
1987	13
1988	8
1989	8

Folgende Firmen lieferten nach dem Krieg Busse nach Kassel:

ab 1948	Büssing
ab 1962	Henschel
ab 1963	MAN
ab 1978	Mercedes
ab 1994	Neoplan.

Am 24. April 1978 wurde der erste Mercedes-Bus geliefert, 1989 war es der Einhundertste.

Omnibusbetriebshof

Der Neubau des Betriebshofes Wilhelmshöhe konnte 1986 abgeschlossen werden, jener an der Sandershäuser Straße musste völlig neu gestaltet werden. Dies war erforderlich, weil die Anlagen, die aus den zwanziger und dreißiger Jahren des vorigen Jahrhunderts stammten, inzwischen so veraltet waren, dass auch die Aufsichtsbehörde eine Änderung verlangte.

Die Kriegseinwirkungen waren besonders in Bettenhausen so stark, weil es hier eine kriegswichtige Industrie gab. Unter diesen Umständen litt auch der Betriebshof für Omnibusse, weil er mitten im Industriegebiet lag.

Im November 1948 war man stolz darauf, einen Wiederaufbauschritt getan zu haben, und 1953 konnte gemeldet werden, dass nun eine Halle in den Abmessungen 85 x 28 m in Betrieb genommen werden konnte, so dass die Busse nicht mehr im Freien „übernachten" mussten.

In den achtziger Jahren galt es, die notdürftig aufgebauten Gebäude zu ersetzen und die Werkstätten zeitgemäß einzurichten. Bei der Planung wurde besonderer Wert auf optimale Abwicklung der innerbetrieblichen Arbeitsschritte gelegt. Der Umbau geschah in einzelnen Abschnitten.

Ein erneuter Umbau mit grundsätzlicher Organisationsänderung wird nach der Eröffnung der Lossetalbahn verwirklicht werden.

Der Wagen 613 erreicht Kaufungen Rieckswiesen. Unten eine Szene aus dem Bahnhof Helsa: Links neben den Bahnsteigen der Straßenbahn führen die Eisenbahngleise weiter nach Hessisch Lichtenau

Druseltal, Endschleife der Linie 3. Das Bild wurde im Juni 1998 aufgenommen. Unten trifft der Saarbahn-Wagen 1002 im Hauptbahnhof Kassel ein, der Fahrer hat das Zielschild bereits für die Rückfahrt umgestellt

6. Der O-Bus und sein kurzes „Leben"

Sie kamen und waren nach 20 Jahren aus dem Kasseler Stadtbild wieder verschwunden: die O-Busse. Mitten im Krieg hatte Kassel zwei verkehrsmäßige Lichtblicke trotz der Kriegsleiden zu verzeichnen: Die Eröffnung der Straßenbahn nach Altenbauna im Jahre 1940/41 und die Inbetriebnahme eines für Kassel ganz neuen Verkehrsmittels, des O-Bus, am 22. Juli 1944. Die Schlagzeile der damals einzigen Kasseler Zeitung, der „Kurhessischen Landeszeitung", lautete: „Der Omnibus am Gängelband".

Grundsätzlich war diese Idee keine Neuerfindung. Bereits Ende des vorhergehenden Jahrhunderts hatte Werner von Siemens in Berlin Versuche mit einer gleislosen Bahn unternommen. Doch während sich das Ausland dafür interessierte, geriet die Idee in Deutschland vorerst in Vergessenheit. Aus einer Statistik ist zu entnehmen, dass es in Deutschland 1913 erst 40 Fahrzeuge dieser Art gab, 1944 dagegen 700. Dieser Anstieg in jenen Jahren hatte seinen Grund, und der war auch in Kassel maßgebend für die Neueinführung dieses Verkehrsmittels. Die Kriegszeit verlangte immer mehr Treibstoff für die Front, und hier gab es nun ein Verkehrsmittel, das mit heimischer Energie angetrieben werden konnte. Besonders hierauf verwies Direktor von Buttlar bei der Eröffnung. Gepriesen wurde auch die Bewegungsfreiheit auf einer Breite von acht bis neun Metern, und den Fahrgästen wurde die weiche, federnde Fahrweise als Vorteil genannt.

Die Fahrzeuge hatten einen 120-PS-Motor unter dem Fahrgestell, eine Luftdruckbremse sowie aus Sicherheitsgründen eine zusätzliche mechanische Bremse. Eine Gangschaltung gab es nicht. Die Stromversorgung erfolgte über zwei voneinander unabhängige und isoliert zueinander aufgehängte Drähte. Diese Konstruktion war erforderlich, weil die Stromrückführung über die Schiene natürlich nicht möglich war.

Hauptprobleme waren die komplizierten Weichenanlagen an der Oberleitung und die Notwendigkeit, stets Wendeschleifen oder Wendedreiecke am Linienende einzurichten.

Die Kasseler Industrie hatte an dem Projekt aktiven Anteil. Henschel baute die Fahrgestelle, Credé nach bewährter Straßenbahnbauart den Wagenaufbau, und Siemens lieferte die elektrische Ausrüstung.

Dieses Mittelding zwischen Straßenbahn und Omnibus bot Platz für 75 Personen, davon waren 31 Sitzplätze. Mit einer Höchstgeschwindigkeit von 55 km/h konnte die Strecke von Kirchditmold nach Harleshausen in 17 Minuten zurück gelegt werden. Dafür standen drei Fahrzeuge zur Verfügung.

Am Tage der Eröffnung, an jenem 22. Juli 1944, war man des Lobes voll, mitten im Kriege solches schaffen zu können. Man sagte in Festreden voraus, dass der O-Bus „das" Verkehrsmittel der Zukunft für Kassel sein werde. Erstaunlich ist der Zeitpunkt der Neueinführung, wenn man bedenkt, dass Kassel bereits seit dem 22. Oktober 1943 in Schutt und Asche lag. Bei all den Festreden hätten wohl nur wenige an ein so kurzes Leben des neuen „Kindes" geglaubt. Nur ein gutes halbes Jahr dauerte es, bis die Kriegsfolgen im Februar 1945 das Ende für den O-Busverkehr brachten.

Zwei Wagen waren völlig ausgebrannt und die Wagenhalle an der Zentgrafenstraße (heute Aldi) in Kirchditmold zerstört.

Ein Neubeginn schien am 1. Oktober 1947 gekommen zu sein. Man hatte neue Wagen beschafft und fuhr nun wieder auf der bekannten Stecke. Aber es war eine neue Wagenhalle auf dem Gelände gegenüber dem Betriebshof Wilhelmshöhe gebaut worden. Nun musste der O-Bus in seine neue Wagenhalle gelangen. Er fuhr von Wilhelmshöhe durch die Kunoldstraße und Wahlershäuser Straße nach Kirchditmold und dann weiter, wie früher, nach Harleshausen bis zur Rasenallee. Personenbeförde-

Henschel lieferte den mechanischen Teil der Kasseler O-Busse. Hier der Wagen 3

rung fand jedoch zunächst nur zwischen Kirch-ditmold und Harleshausen statt, ab dem 1. November 1949 auch ab Baunsbergstraße.

Wagen 6 im März 1962

Eine weitere Veränderung gab es vom 1. Februar 1953 an. Der O-Bus verkehrte nun planmäßig zum Bahnhof Wilhelmshöhe. Die Strecke über Friedrich-Naumann-Straße wurde nur noch zum Ein- und Ausrücken benutzt.

Aber bereits 1960 deutete Direktor Büttner an, dass es in absehbarer Zeit besser sei, statt der O-Busse Dieselbusse fahren zu lassen. Zwei Jahre später war es dann so weit: Am 27. Mai 1962 war der letzte Tag des O-Busses angebrochen. Einen Tag später übernahm die Buslinie 10 diese Strecke, und sie wurde als erste Linie nach 1936 bis zur Innenstadt durch die Kölnische Straße geführt. Unter Oberleitung waren im Einatz:

Wagen 1 – 3   ab 1944 Henschel/Credé-Fahrzeuge
Wagen 4 – 5   ab 1947 Henschel/Credé-Fahrzeuge
Wagen 6 – 8   ab 1949 Henschel/Credé-Fahrzeuge
Wagen 9   ab 1952 Henschel/Wegmann-Fahrzeug.

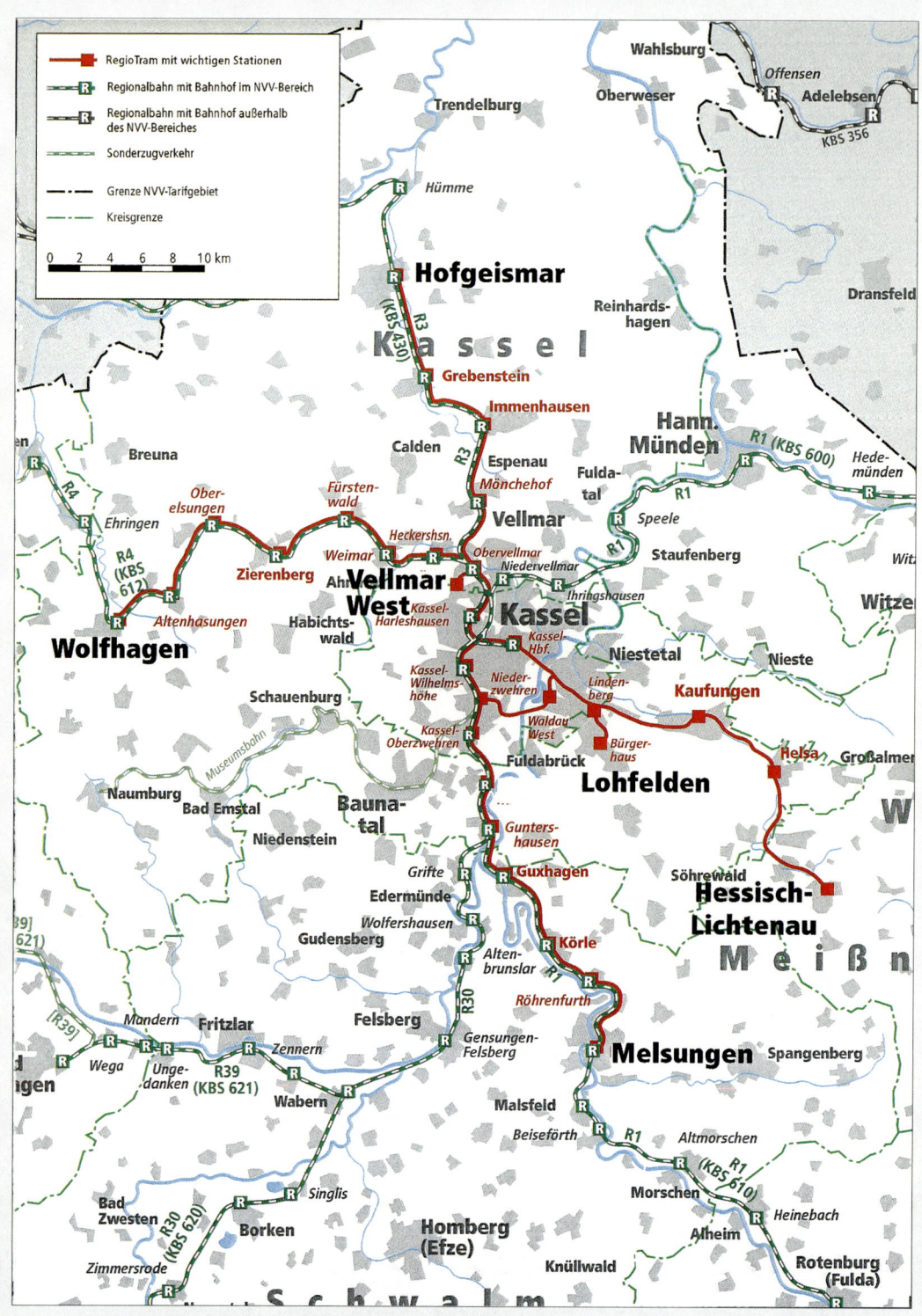

Die von Kassel aus geplanten RegioTram-Linien

RegioTrams in der Wagenwerkstatt der Deutschen Bahn in Kassel. Unten die Lossetalbahn, 2001 bis Helsa eröffnet

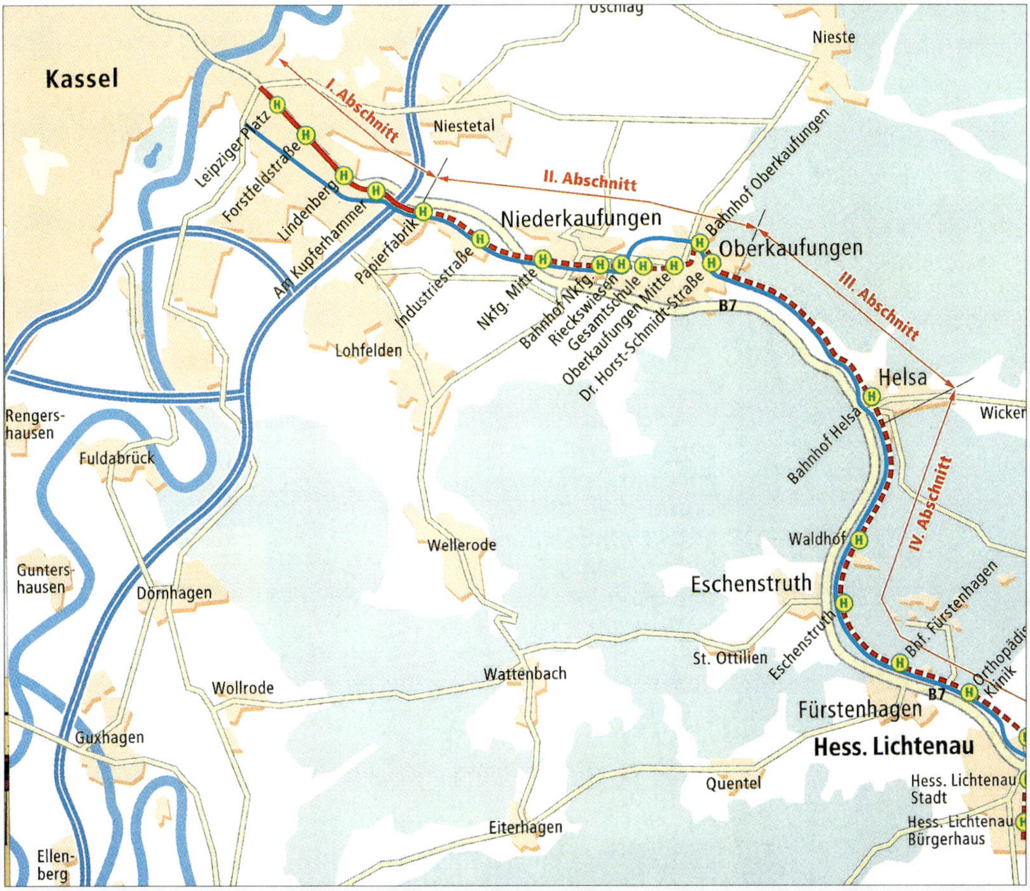

7. Jahrhundertwerk auf den Weg gebracht

Jahrhundertwenden scheinen für den öffentlichen Personennahverkehr in Kassel immer positive Zeiten zu sein. An der Wende vom 19. zum 20. Jahrhundert begann die erfolgreiche Entwicklung der Straßenbahn in der Stadt, und heute, am Beginn des 21. Jahrhunderts, gibt es gleich zwei richtungsweisende Ereignisse, die innerhalb von zwei Tagen feierlich begangen werden konnten. Es handelt sich um den Start zur Vorlaufphase der RegioTram und um die Lossetalbahn ins Kasseler Umland.

Beide Projekte haben einen guten Anfang genommen und beide zeigen schon jetzt erfreuliche Tendenzen zur Weiterentwicklung.

Lossetalbahn

Die Lossetalbahn trägt ihren Namen nach einem kleinen Flüsschen, das aus dem Meißner Vorland kommt und bei Kassel in die Fulda mündet. Durch das Tal führt von altersher eine wichtige Handelsstraße, die heute als B 7 von Westen kommt, in Kassel den Altmarkt überquert und dann durch das Lossetal in Richtung Thüringen verläuft. Am Altmarkt kreuzt diese Straße die von Nord nach Süd verlaufende Handelsstraße, die heutige B 3.

In neuerer Zeit ist das Lossetal im Gespräch bei der allgemeinen Verkehrsplanung, denn hier wäre dringend der Bau einer Verbindungsautobahn von Kassel in Richtung Eisenach geboten. Die durch das Tal führende Bundesstraße ist völlig überlastet, und die Anwohner im Bereich dieser Bundesstraße finden nachts kaum Ruhe. Genau hier verläuft nun auch die Lossetalbahn. Sie ist, wie heute üblich, in langen zähen Verhandlungen bis zum heutigen Stand verwirklicht worden, was eine große Leistung ist.

Erstmalig geht ein Plan und nun auch seine Verwirklichung über die Grenzen Kassels und seiner Randgemeinden hinaus und zwar auf der Strecke Kaufungen – Helsa. Die geplante Weiterführung nach Hessisch-Lichtenau führt ebenfalls über die heutige Grenze des Landkreises Kassel hinaus in den Werra-Meißner-Kreis.

In diesem Tal gab es seit der Jahrhundertwende zum 20. Jahrhundert bereits eine Eisenbahn, die Waldkappeler Bahn. Sie war ein Verbindungsstück zwischen der so genannten Kanonenbahn, die unter anderem von Treysa über Malsfeld, Spangenberg ins Werratal bis Eschwege führte. So gab es bis 1985 die Möglichkeit, mit dem Personenzug von Kassel über Kaufungen, Walburg und Waldkappel nach Eschwege zu fahren. Von Walburg aus gab es einen Abzweig nach Großalmerode. Diese Bahn diente dem Personenverkehr, aber noch mehr dem Gütertransport. Vor allem Braunkohle wurde aus dem Meißner Raum befördert. Die schon mehrfach erwähnte Motorisierungswelle bewirkte auch hier eine Verminderung des Personenverkehrs. Daneben wurden mehr und mehr Buslinien eingerichtet, und in diesem Konkurrenzkampf unterlag die Schiene.

Bis in das beginnende 21. Jahrhundert waren einige wenige Kohlenzüge hier das einzige, was noch auf der Schiene verkehrte. Im Zeitalter der umweltfreundlichen Verkehrsmittel kam in den achtziger Jahren der Gedanke auf, eine Straßenbahn über Bettenhausen hinaus ins Lossetal zu planen. Treibende Kraft waren unter anderem die KVG und die Gemeinde Kaufungen mit ca. 12.000 Einwohnern.

Anfang der neunziger Jahre wurden die Pläne konkreter, und es beteiligten sich an der Planung außerdem der Regionalverkehr Kurhessen (RKH), die übrigen Gemeinden des Lossetals, die Regionalbahn Kassel (RBK), der Nordhessische Verkehrsverbund (NVV), zwei Landkreise und das Land Hessen. Bei allen Überlegungen ging es natürlich auch immer um die Frage der Rentabilität. Positive Anstöße wurden aus der Straßenbahnverlängerung nach Baunatal (Großenritte) 1995 gemeldet. So stiegen in Baunatal die Fahrgastzahlen nach Fertigstellung der Straßenbahn von 1992 bis 1997 um 85 Prozent. Sicherlich hat diese Entwicklung angespornt, im Lossetal weiter zu arbeiten.

Die Gesamtplanung der Linienführung beginnt in der Innenstadt von Kassel, führt durch die Leipziger Straße und endet in Hessisch-Lichtenau. Es waren einzelne Bauabschnitte erforderlich: Schienenerweiterungen in der Leipziger Straße, völlige Neugestaltung zwischen Leipziger Platz und Lindenberg, Neubau vom Lindenberg bis Papierfabrik mit Rückbaumaßnahmen im Straßenbereich sowie Weiterbau von Papierfabrik bis Helsa.

Auf dieser seit dem 8. Juni 2001 eingeweihten Strecke mussten verschiedene Besonderheiten berücksichtigt werden. Der Betrieb läuft nach den Regeln der Eisenbahnbetriebsordnung, und somit muss das Personal für diese Strecke besonders ausgebildet werden.

Die Fahrzeuge sind mit „Indusi" (Induktive Zugsicherung) ausgerüstet. Streckenweise verlaufen Güterstrecke und Straßenbahnstrecke nebeneinander, in anderen Bereichen wieder auf dem selben Gleis. Bis Oberkaufungen ist die Strecke teilweise zweigleisig, zwischen Oberkaufungen und Helsa im Wesentlichen eingleisig. Von der Streckenführung der alten Eisenbahn wurde in Oberkaufungen abgewichen und man hat in einem Bogen die Gesamtschule des Lossetals noch mit erfasst.

Bei der Planung hegte man die Hoffnung, motorisierte Bürger zur Benutzung der Straßenbahn zurück gewinnen zu können und baute unter diesem Gesichtspunkt an allen Knotenpunkten Park & Ride-Plätze.

Man hofft, nicht nur die Bürger aus den Anliegergemeinden, sondern auch etwas abseits wohnende Verkehrsteilnehmer zum Umsteigen bewegen zu können.

Daher ist der Fahrplan so gestaltet, dass Buslinien als Zubringer dienen und das Umland so wieder zum Umstieg auf Schienenfahrzeuge ermuntert werden kann. Angesichts der sehr guten Nachfrage in Baunatal wurde morgens, mittags ab circa 12.30 Uhr und am Nachmittag bis Helsa ein 15-Minuten-Takt eingerichtet. Nur in den kurzen Zwischenzeiten wird im 39 Minuten-Takt gefahren. Bis zur Papierfabrik in Kassel herrscht in den Normalzeiten bedingt durch zwei Linien sogar 7,5-Minuten-Verkehr. Umstritten ist auf diesem Verkehrsabschnitt die Schleife am Leipziger Platz. Sie sollte einer besseren Lösung an anderer Stelle weichen, doch dies konnte wieder einmal gegen den Bürgerwillen nicht durchgesetzt werden. Nun stört man sich daran, dass einige wenige Wagen abends diese Schleife benutzen, um wieder in Richtung Stadt fahren zu können. Die entscheidende Wendemöglichkeit auf der Strecke nach Helsa ist nun die Papierfabrik. Beide Linien, die entweder bis Papierfabrik oder Helsa fahren, kommen aus dem Stadtzentrum:

Linie 4 vom Mattenberg über Bahnhof Wilhelmshöhe – Friedrich-Ebert-Straße – Stern – Altmarkt – Papierfabrik – Helsa

Linie 8 Hessenschanze – Friedrich-Ebert-Straße – Königsstraße – Stern – Bettenhausen – Papierfabrik.

Fahrzeugbeschaffung

Die RegioTram nahm ihren Verkehr am 10. Juni 2001 mit Fahrzeugen auf, die aus Saarbrücken geborgt sind. Für die Lossetalbahn mussten besondere Fahrzeuge konstruiert werden, die allen Sonderanforderungen genügten. Die Firma Bombardier Transportation entwickelte im Auftrag der KVG ein entsprechendes Fahrzeug und lieferte fristgemäß zur Einweihung zwölf dieser Fahrzeuge und später noch einmal weitere zehn für den Einrichtungsbetrieb. Sie laufen unter den Betriebsnummern 601 – 622. Sie sind zugverbandsfähig und zugelassen für den Einsatz auf Strecken gemäß Betriebsordnung Straßenbahn sowie für Nebenstrecken gemäß der Eisenbahnbetriebsordnung.

Die Innenausstattung ist nach modernem Design gestaltet worden. Es gibt bequeme Sitze und getönte Scheiben. Im Einstiegsbereich sind

Ganzglastüren angebracht, und die Einstiegshöhe ist fast ebenerdig. Wie bei den Niederflurwagen der vorhergehenden Serie schließen die Türen automatisch, jedoch können mit Hilfe der Kinderwagentaste längere Zeiten vorgegeben werden. Mit Fahrrad und Rollstuhl kann man gut einsteigen. 89 gepolsterte Schalensitze bieten Platz, und mit besonderer Freude ist von den Fahrgästen aufgenommen worden, dass es nur nicht nur zahlreiche Haltestangen gibt, sondern dass auch wieder Halteschlaufen vorhanden sind.

Für die Sicherheit der Fahrgäste sorgt ein Notrufsystem. Erfreulich ist auch, dass zwischen dem Niederflurteil und dem Normalteil nur noch eine Stufe vorhanden ist.

Umfangreiche Fahrgastinformationen, Haltestellenansagen und Haltestellenanzeiger erleichtern den Kunden die Orientierung. Völlig neu ist die dynamische Streckenverlaufsanzeige. Auf ihr können die Fahrgäste mittels Leuchtdioden verfolgen, welche Haltestellen bereits passiert wurden, wo sie sich gerade befinden und welche Haltestellen noch angefahren werden.

2001 erhielt die KVG noch einmal fünf Fahrzeuge, die in ihrer Art dem 601er fast gleichen, einziger Unterschied: Es sind Zweirichtungs-

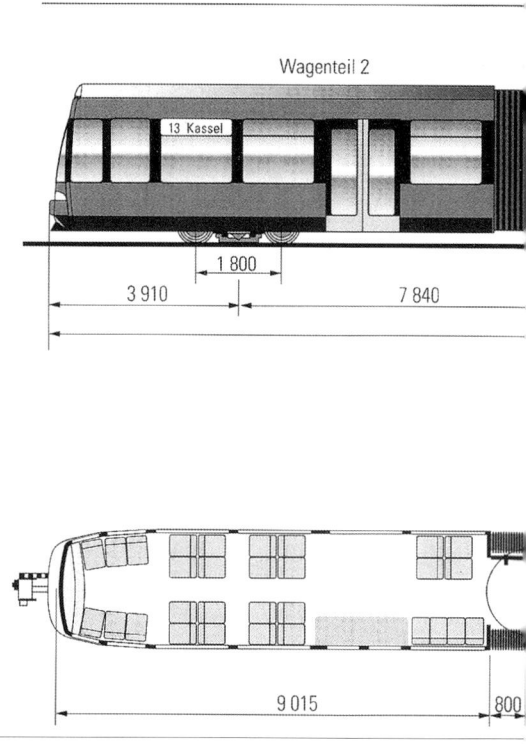

Technische Daten Wagen 601 – 622	
Fahrdraht-Nennspannung	600 V
Höchstgeschwindigkeit	80 km
Länge	29.300 mm
Breite	2.400 mm
Höhe	3.402 mm
Einstiegshöhe	290 mm
Niederflurbereich	355 mm
Triebdrehgestellbereich	560 mm
Niederfluranteil	70 %
Spurweite	1435 mm
Gewicht	37,8 t
Gewicht besetzt (2/3)	46,4 t
Sitzplätze	89
Stehplätze	99
Gangbreite	510 mm

fahrzeuge. Seit dem Beginn der neunziger Jahre waren nur 47 neue Einrichtungsfahrzeuge beschafft worden. Ein Segen für die damalige Bautätigkeit war es, dass man noch auf 22 Stadtbahnwagen zurück greifen konnte, anders wäre der Ausbau der Helleböhn-Strecke in Teilabschnitten überhaupt nicht möglich gewesen. Für zukünftige Ausnahmeverkehre, z.B. bei Bauarbeiten, verfügt man nun also über moderne Fahrzeuge, die auch im Pendelverkehr eingesetzt werden können.

Kassel besitzt mit diesen Wagen am Beginn des 3. Jahrtausends eine so moderne Fahrzeugflotte, dass der Betrieb im Bereich des Niederflursystems als vorbildlich gelten kann.

Betriebsbahnhof Sandershäuser Straße

Zum dritten Mal in diesem Buch wird ein Betriebsbahnhof besonders erwähnt. Über die grundsätzlichen Fragen wurde schon in dem

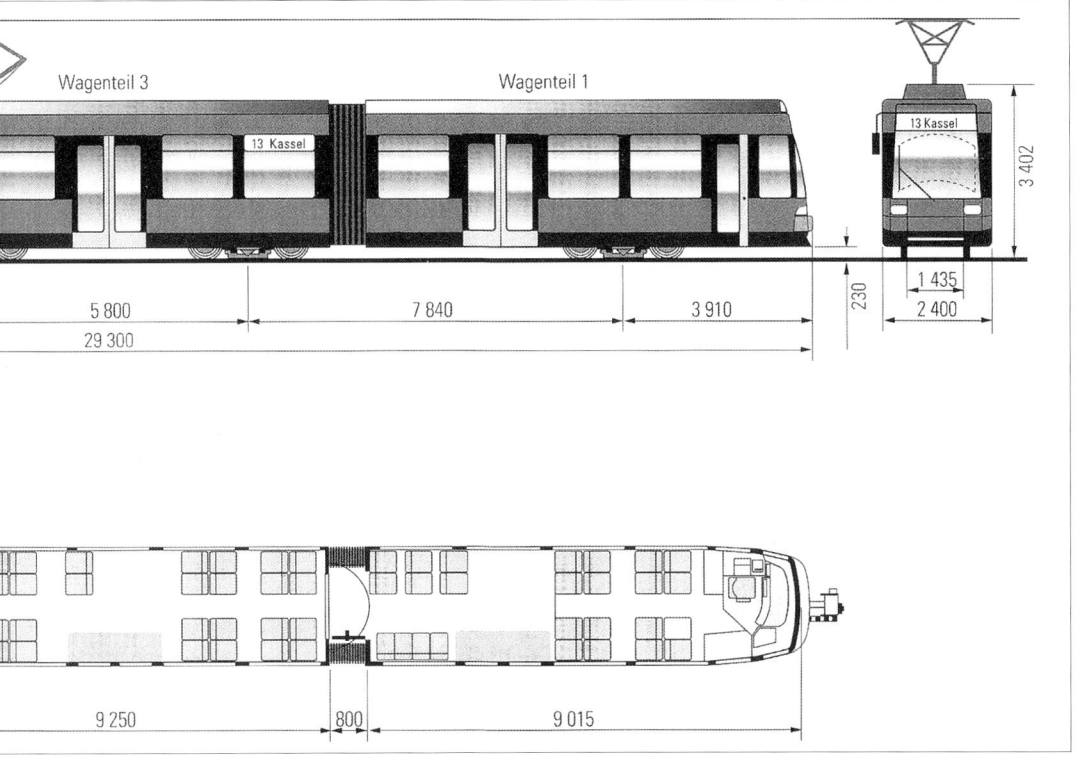

Übersichtszeichnung für die Wagen 601 – 622

Abschnitt „Betriebsbahnhöfe" gesprochen und die Erweiterungen bzw. der Neubau des Busbetriebshofes auch dokumentiert.

Im Jahre 1986 war man der frohen Hoffnung, durch die Zentralisierung in Wilhelmshöhe alle anstehenden Probleme gelöst zu haben. Knappe 20 Jahre später tauchen jedoch erneut Probleme dieser Art auf.

Die Regionalbahn Kassel (RBK), ein Tochterunternehmen der Kasseler Verkehrsgesellschaft (KVG) sowie die Kassel-Naumburger Eisenbahn (KNE), beauftragen die KVG, nach Fertigstellung der Lossetalbahn bis Helsa den Betrieb mit Straßenbahnen aufzunehmen. Mit dieser Auftragserteilung war verbunden, dass verschiedene Voraussetzungen weit vorausplanend geklärt werden mussten.

Die Anfahrtstrecke vom Betriebshof Wilhelmshöhe nach Baunatal erwies sich schon als zu weit, so dass man sich entschloss, an der Endstation Baunatal-Großenritte Wagen im Freien

abzustellen. Eine noch viel größere Anfahrtstrecke wäre es gewesen, von Wilhelmshöhe bis nach Helsa aus- und einrücken zu müssen. Da der Betriebshof Holländische Straße wegen der technischen Erfordernisse nicht in Frage kam und außerdem von der Strecke nach Helsa sehr weit entfernt liegt, wurde nach einem Standort in Richtung Lossetal gesucht. Die Aufmerksamkeit konzentrierte sich auf das Eckgrundstück Leipziger Straße/Sandershäuser Straße, da daran anschließend bereits der Betriebshof für Omnibusse gebaut war. Nach langen Verhandlungen konnte das Grundstück von einem Autohändler erworben werden.

Der Grunderwerb war das eine, die Folgekosten das andere. Hier auf diesem Gelände war der Boden über Jahrzehnte durch Öle und Fette derart verseucht, dass er abgetragen und auf eine Sonderdeponie gebracht werden musste. Die KVG entschied sich trotz der enormen Kosten für diesen Platz. Der Neubau begann unter

Zeitdruck, weil die Anlage zum 10. Juni 2001 zur Abstellung von Straßenbahnfahrzeugen einsatzbereit sein musste.

Die Erweiterung an dieser Stelle hatte den Vorteil, dass die Struktur des Busbahnhofes soweit wie möglich mit benutzt werden konnte, ebenso ist weiterhin eine besondere Art des Ausrückens in Richtung Helsa gegeben. Die Planung sieht auf dem zugekauften Grundstück eine mehrgleisige Abstellhalle, eine Betriebswerkstatt und eine Hauptwerkstatt vor. Am 10. Juni 2001 wurde vorerst lediglich eine zweigleisige Abstellmöglichkeit für elf Fahrzeuge fertig gestellt.

Die Anbindung der Abstellgleise an das Streckengleis in der Leipziger Straße erfolgt durchgängig zweigleisig. Dies bedeutet, dass sowohl der Aus- als auch der Einrückvorgang aus jeder Richtung vorwärts vorgenommen werden kann. Außerdem ist jederzeit eine eventuelle Auswechslung eines Fahrzeuges möglich.

Der Fahrzeugeinsatz geschieht seit eben jenem 10. Juni 2001 nach einer bereits von Baunatal her bekannten Abfolge, d. h. für die Straßenbahnfahrzeuge, die in der Sandershäuser Straße zur Aufstellung kommen, wird ein so genannter Zwei-Tages-Umlaufplan gebildet. Dieser gewährleistet, dass die entsprechenden Fahrzeuge spätestens nach zwei Tagen wieder im Betriebshof Wilhelmshöhe zur regulären Wartung zur Verfügung stehen. Mit dieser Baumaßnahme, die jetzt sukzessive weiter geführt wird, ist eine enge Verbindung von Bus und Straßenbahn gegeben.

In logischer Folge der vorgenannten Überlegungen zur Verringerung der Anfahrtzeiten wurden vom gleichen Tag an zehn Omnibusse nachts im Betriebshof Wilhelmshöhe abgestellt. Es sind jene Fahrzeuge, die im Westteil der Stadt früh morgens zum Einsatz kommen.

RegioTram

Der Begriff „Tram" ist für Kassel eigentlich neu, denn es wurde über 100 Jahre lang von der „Straßenbahn" gesprochen. Der Begriff „Tram"

ist erst aufgekommen, als an den Haltestellen der Straßenbahnen Busse und Straßenbahnen am selben Bahnsteig hielten und auf der Anzeigentafel Tram und Bus schriftmäßig besser zusammen passten als Bus und Straßenbahn.

Die RegioTram ist ein modernes Verkehrsmittel, das besonders im Raum Karlsruhe seit längerer Zeit verwirklicht ist. 1989 begannen dort die ersten Planungen und 1992 wurde die erste Strecke von Karlsruhe nach Bretten verwirklicht. Eisenbahn und Straßenbahn gingen sozusagen eine Ehe ein, denn sie wurden durch dieses System in einer vorher nicht gekannten Weise miteinander verknüpft.

In entsprechenden Reden zum Eröffnungstag der 1. Vorlaufphase der RegioTram in Kassel wurde auf die Gemeinsamkeiten dieser beiden Verkehrsmittel immer wieder hingewiesen. Die RegioTram hat sich folgende Ziele gesteckt:

1. Das Oberzentrum Kassel soll mit dem Regionalbereich enger verbunden werden.
2. Die Gemeinden sollen einen Nutzen durch bessere, schnellere und bequemere Verbindungen haben.
3. Der Fahrgast aus dem Umland soll von seiner Haltestelle, die zur Zeit mit den dortigen Bahnhöfen identisch ist, ohne Umsteigen in das Zentrum der Stadt Kassel fahren können.

Da zur Verwirklichung dieser Ziele noch einige wichtige Schritte notwendig sind, spricht man von der „1. Vorlaufphase", und diese betrifft die Strecke von Kassel über Hofgeismar nach Warburg in Westfalen. Die Bürger im Bereich dieser Strecke genießen seit dem 10. Juni 2001 folgende Verbesserungen:

1. Die Taktfolge von bisher 60 Minuten wird auf 30 Minuten verkürzt.
2. Moderne Fahrzeuge mit bequemeren, fast stufenlosen Einstiegen sind vorhanden.
3. Erleichterungen beim Ein- und Aussteigen für ältere Menschen und für Leute mit Kinderwagen bzw. Gepäck entstehen.

Insgesamt also gibt es jene Vorteile, die durch die Niederflurbahn innerhalb von Kassel bereits bekannt sind. In den nächsten Jahren sollen weitere Strecken hinzukommen:

1. Wolfhagen – Kassel – Hessisch-Lichtenau
2. Melsungen – Kassel

3. Vellmar-West – Kassel – Lohfelden
4. Warburg – Kassel – Lohfelden.

Auf der in Betrieb genommenen Strecke werden für die Zukunft Zwischenhaltestellen geplant, um damit mehr Fahrgäste zur Mitfahrt zu animieren. Geplant sind:

In Kassel: Schenkebier Stanne
            Christbuchenstraße
            Jungfernkopf,

in Vellmar: Einkaufszentrum.

Durch mehr Halte bei einem normalen lokbespannten Zug würden längere Fahrzeiten erforderlich werden. Die RegioTram jedoch gleicht dieses durch hohe Anfahrbeschleunigungen leicht aus, so dass es trotz dieser Zusatzhaltestellen keine Fahrzeitverlängerungen geben soll. Der Ausbau der RegioTram soll keine Benachteiligung für den sonstigen Ausbau des städtischen Nahverkehrs bringen.

An diesem Gemeinschaftsunternehmen sind die Deutsche Bahn und die KVG beteiligt, wobei die Bahn verantwortlich ist für den gesicherten Betriebsablauf. Die Wartung der Fahrzeuge ist anteilig zwischen Bahn und KVG aufgeteilt.

Ende 2001 waren auf der Vorlaufstrecke sechs Fahrzeuge eingesetzt. Sie wurden bis zur Auslieferung speziell für Kassel bestellter Fahrzeuge von den Stadtwerken Saarbrücken ausgeliehen. Die Fahrzeuge sind so beschaffen, dass sie ohne Weiteres auf Strecken der Deutschen Bahn fahren können. Die Bügel nehmen sowohl 600 Volt Gleichstrom nach den Regeln der Straßenbahn ab als auch 15.000 Volt Wechselstrom aus dem Fahrleitungsnetz der DB.

Das dreiteilige Fahrzeug bietet 110 Sitzplätze, besitzt jedoch, was die Leute zunächst verwunderte, keine Toiletten. Zur Erläuterung wird den Fahrgästen erklärt, dass in einer üblichen Straßenbahn oder U-Bahn diese Einrichtungen auch nicht vorhanden sind.

Die RegioTram will die Fahrgäste aus dem Umland bequem in die Mitte der Stadt befördern.

Und hier liegt vorläufig noch das große Problem. Mit Recht wurde von einer Vorlaufphase gesprochen, denn aus Richtung Warburg nach Hofgeismar kommt man, wie bei lokbespannten Zügen, nur bis zum Hauptbahnhof. Ziel ist jedoch, wie gesagt, die Innenstadt. Da aber scheiden sich die Geister:

Wo ist die Innenstadt, und wo soll das Fahrtziel sein? Viele Diskussionen gab es und gibt es bei Erscheinen des Buches noch immer. Soll die „Innenstadt" auf den Königsplatz gelegt werden oder in die nahe gelegene Mauerstraße? Man könnte fast sagen, es ist ein Ideologiestreit. Es gibt für die Routen vom Hauptbahnhof drei Vorschläge:

– vom Hauptbahnhof unterirdisch zur Innenstadt, eventuell innerhalb der Treppenstraße wieder an das Tageslicht führend, oder

– vom Hauptbahnhof ebenerdig über den Scheidemannplatz durch die Kölnische Straße zur Mauerstraße und zum Königsplatz, oder

– vom Hauptbahnhof zum Scheidemannplatz über den Ständeplatz, durch die Fünffensterstraße zur Trompete, über Steinweg zum Altmarkt und wieder zum Hauptbahnhof.

An anderer Stelle wurde schon darauf hingewiesen, dass diese letzte Variante wohl nicht zum Tragen kommen wird. Sie wäre das Wunschbild einiger Kaufleute in der Innenstadt gewesen. Erstaunlich, welche Argumente für oder gegen die eine oder andere Lösung ins Feld geführt werden. Selbst die Länge der Fahrzeuge wird dafür herangezogen. Doch sind keine großen Unterschiede zu verzeichnen. Ein Vergleich zeigt dies: Ein Hängerzug der Straßenbahn ist 33 Meter, eine moderne Niederflurstraßenbahn 30 Meter und ein Zug der RegioTram 37 Meter lang.

Der Anfang ist gemacht, und man kann nur hoffen, dass dieser nicht ein Torso bleibt. Deshalb muss die RegioTram auch in das Stadtzentrum von Kassel – wo immer man es auch definieren wird – fahren.

8. Statistische Gesamtübersicht

Triebwagen

Wagennummer(n)	Baujahr(e)	Hersteller
1 – 14	1899	van der Zypen
41 – 71	1898	van der Zypen
72 – 80	1900	Credé
101 – 113	1905 – 1909	van der Zypen
141 – 161	1909 – 1913	van der Zypen
114 – 123	1925	Orenstein & Koppel
15 – 24	1926	Orenstein & Koppel
25 – 27	1928	Orenstein & Koppel
201 – 206	1932	Credé
207 – 212	1935	Credé
213 – 218	1936	Credé
219 – 220	1937	Credé
221 – 232	1940/41	Credé
251 – 255	1955	Credé
260	1955	Credé
261 – 280	1956/57	Credé
281 – 288	1958	Credé
301 – 314	1966/67	Wegmann
351 – 357	1966/67	Credé
315 – 317	1970	Wegmann
358 – 366	1971	Wegmann
401 – 416	1981	Duewag
417 – 422	1986	Duewag
451 – 465	1990/91	Duewag
466 – 475	1994	Duewag
601 – 612	1999	Bombardier
613 – 622	2000	Bombardier
631 – 635	2001	Bombardier

Beiwagen

501 – 512	1895	van der Zypen
541 – 552	1899	Credé
553 – 560	1900	Credé
601 – 605	1907	van der Zypen
641 – 664	1909 – 1913	van der Zypen
513 – 524	1934	Credé
525 – 532	1937	Credé
533 – 546	1940/41	Credé
551 – 555	1955	Credé
561 – 565	1967	Credé

| 566 – 571 | 1971 | Wegmann |
| 575 – 576 | 1958 | Duewag, gebraucht aus Frankfurt (Main) |

Kriegsschäden an Fahrzeugen

Triebwagen		**Beiwagen**	
Kriegsverlust	Wiederaufbau	Kriegsverlust	Wiederaufbau
141, 143, 145, 153	114, 123	504, 509	525, 534
71, 75, 79	16, 23, 24, 25	643, 647, 648, 651, 656	

Umzeichnungen

alte Wagennummer	neue Wagennummer
514	501 (verkauft 6/71)
516	502
520	503
524	504
525	Kriegsschaden, Wiederaufbau in modernisierter Form bei Credé
526	505
529	506
530	507
531	508
532	509
533	510
534	Kriegsschaden, Wiederaufbau in modernisierter Form bei Credé
535	511
536	512
537	513
533	514
539	515
540	516
541	517
542	518
543	519
544	520
545	521
546	522

Kilometerleistungen (1994)

Typ	Wagennummer	Laufleistung pro Monat
6-achsige ZGTW	305 – 317	ca. 2.100 km
6-achsige EGTW	358 – 366	ca. 4.000 km
8-achsige ZGTW	401 – 422	ca. 5.000 km
Großraumbeiwagen	561 – 576	ca. 2.600 km

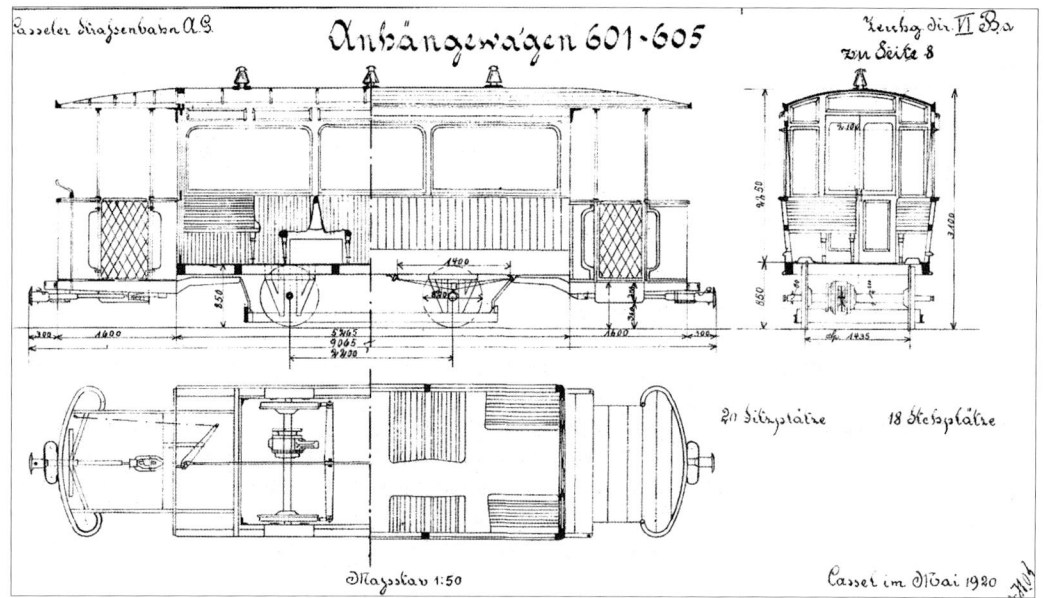

Zeichnung für die „Anhängewagen" 601 – 605, angefertigt im Mai 1920. Geliefert wurden die Wagen bereits im Jahre 1907.

Seitenansicht des Wagens 603. Eine Augenweide ist das erhabene Wappen an der Seitenwand

Zwei Kriege liegen zwischen diesen beiden Bildern: Oben der Königsplatz in einer Aufnahme von vor 1914, unten der von Bomben zerstörte Betriebshof Holländische Straße im Sommer 1945

Fahrzeugbestand am 1. Juli 2001

Wagen-Nr.	Baujahr	Bauart	Hersteller	Typ	Bemerkungen
Triebwagen					
229	1941	2xZR	Credé		abgestellt
273	1956	2+2xER	Credé		abgestellt
315 – 316	1970	6xGelZR	Wegmann		316 Fahrschulwagen
317	1970	6xGelZR	Wegmann		für Schienenpflege
354 – 355	1967	6xGelER	Credé		
358 – 359	1971	6xGelER	Wegmann		358 – 359 abgestellt
361 – 366					361, 362, 364 – 366 abgestellt
401 – 416	1981	8xGelZR	DUEWAG	N8C	
417 – 422	1986	8xGelZR	DUEWAG	N8C	
451 – 465	1990/91	6xGelERNfT	DUEWAG	NGT6C	Nf-Anteil 70 %
466 – 475	1994	6xGelERNfT	DUEWAG	NGT6C	Nf-Anteil 70 % 474, 475 KNE
601 – 612	1999	8xGelERNfT	Bombardier/DWA	8NGTW	Nf-Anteil 70 %
613 – 622	2000	8xGelERNfT	Bombardier/DWA	8NGTW	RBK
631 – 635	2001	8xGelZRNfT	Bombardier/DWA	8ZNGTW	RBK
Beiwagen					
561 – 564	1967	4xGrER	Credé		561, 564 abgestellt
566 – 570	1971	4xGrER	Wegmann		566 – 568, 570 abgestellt
Museumstriebwagen					
110	1907	2xZR	van der Zypen		
144	1909	2xZR	van der Zypen		
214	1936	2xZR	Credé		
228	1940	2xZR	Credé		
273	1956	2+2xER	Credé		in Aufarbeitung
Museumsbeiwagen					
8	1900	2xZR	Credé		„Pferdebahnwagen" ex Tw 80
521	1941	2xZR	Credé		1967 ex Bw 545
655	1909	2xZR	van der Zypen		

Abkürzungen:

KNE:	Kassel-Naumburger Eisenbahn AG
RBK:	Regionalbahn Kassel GmbH
2x:	zwei Radsätze
ZR/ER:	Zweirichtungs- bzw. Einrichtungsfahrzeug
Gel:	Gelenkzug
NfT:	Niederflurtechnik

Verkehrsnetz und Anlagen im Geschäftsjahr 2001

Straßenbahn	Januar	Februar	März	April	Mai	Juni
Betriebsstreckenlänge in km	50,413	50,413	50,413	50,413	50,413	61,831
a) davon eingleisig	8,352	8,352	8,352	8,352	8,352	13,101
b) davon zwei- oder mehrgleisig	41,761	41,761	41,761	41,761	41,761	48,430
c) davon ausgerüstet mit Zugsicherungsanlagen	0,300	0,300	0,300	0,300	0,300	9,182
d) davon auf besonderem Bahnkörper (ein- oder mehrgleisig)	37,250	37,250	27,250	37,250	37,250	37,250
Gleislänge der Betriebsgleise	*95,805*	*95,805*	*95,805*	*95,805*	*95,805*	*114,005*
e) Gleislänge der Betriebshöfe einschließlich Werkstattgleise	6,61	6,61	6,61	6,61	6,61	7,27
f) Gleislänge der Abstell-/Nebengleise	5,27	5,27	5,27	5,27	5,27	5,42
Summe e) und f)	*11,88*	*11,88*	*11,88*	*11,88*	*11,88*	*12,69*
Gleislänge insgesamt	**108,80**	**108,80**	**108,80**	**108,80**	**108,80**	**127,82**

Wagen 3 mit Beiwagen 29 am klassischen Fotostandort
im Betriebshof Wilhelmshöhe

Quellennachweis

Allgemeine Schriften:

Wolfgang Hendlmeier: Handbuch der deutschen Straßenbahngeschichte. Herausgeber H.J.A. Dupare und S.W. Sluiter, Lijnen van Gisteren, NL

Stör: Die Geschichte der Herkulesbahn in Kassel

Stör: 1877 – 1977: Dampfbahn, Pferdebahn und elektrische Straßenbahn – Ein Jahrhundert Nahverkehr in Kassel

Straßenbahn Magazin, versch. Ausgaben

Wolfgang Kimpel: Kasseler Schienennahverkehr, acht Ausgaben

Generalverkehrsplan/Protokoll der Stadtverordnetenversammlung vom 5. Februar 1990

Heimatbrief 1997, Niederzwehren

Dr. Heribert Menzel: Wagenstatistik

Schülerarbeit um den Preis des Bundespräsidenten: Die Geschichte der Kasseler Straßenbahn

Kasseler Verkehrsgesellschaft
1. Archiv
2. Informationsbroschüren
3. Betriebszeitung

Werksinformationen
1. AEG
2. Siemens
3. Duewag
4. Bombardier

Archiv Stör

Stadtmuseum Kassel

Archiv Kimpel
65 Jahre Straßenbahn, Bus und O-Bus in Schrift und Bild, eigene Erinnerungen an die Tätigkeit als Fahrer und Schaffner

Bildnachweis

Jörg Bader: 62 unten, 67 unten, 70 unten

Deijs: 79 oben

Hemminga: 79 unten, 87 beide

Sigurd Hilkenbach: 12 beide, 30, 32, 33, 34 beide unten, 44, 48, 49, 58 oben, 61 oben, 72, 76 beide, 77, 97 alle, 118, 126, 128 unten

Kasseler Verkehrsgesellschaft: 53, 66 beide, 69, 74/75, 80, 81, 82, 83, 99, 100, 107, 130

Wolfgang Klee: 135 beide, 138 beide, 139 beide, 142, 143 beide

Günter H. Köhler: 94/95 (Grünwald), 104, 105 oben, 110 (Grünwald), 111 (Credé), 116 (Grünwald), 117 beide (Grünwald), 120/121 (Sas), 124 oben (Grünwald), 124 unten (Sas), 126 oben (Sas), 153 unten (Sas)

Sem Kuipers: 78 unten

Langefeld: 73 oben

Dr. Heribert Menzel: 35 beide, 38 beide, 39 beide, 42 beide, 46 beide, 47 unten, 50 beide, 51 beide, 54 oben und unten, 59 unten, 71 unten, 85, 112 oben

Claus Ochs: 58 unten, 70 oben, 78 oben, 86

Pressefoto Thiele: 5

Sammlung Kimpel/Stör: 8, 9, 11, 13, 14, 16/17, 19, 20, 21, 23, 24 beide, 25 beide, 26 beide, 27 beide, 28 beide, 29 beide, 34 oben, 37 beide, 40, 43, 45, 47 oben, 52, 54 Mitte, 55 beide, 56, 57, 59 oben, 60, 61 unten, 62 oben, 63 beide, 64/65, 67 oben, 68 beide, 71 oben, 73 unten, 88, 89, 90/91, 92, 93 alle, 96 alle, 102/103, 105 unten, 106, 108/109 alle, 114, 115, 122, 123 beide, 127, 128 oben, 129, 132, 136, 141 beide, 147, 152 beide, 153 oben, 156/157

Bodo Schulz: 2, 112 unten, 131 beide, 134 beide

Stadtmuseum Kassel: 10, 36

TRA(U)MBAHNEN